Marcelo Gleiser

El universo consciente

Manifiesto para el futuro de la humanidad

Traducción del inglés de Miguel Portillo

Título original: THE DAWN OF A MINDFUL UNIVERSE:
A manifesto for humanity's future

Revisión: Amelia Padilla

Diseño cubierta: Editorial Kairós
Fotocomposición: Florence Carreté
Impresión y encuadernación: Romanyà-Valls. 08786 Capellades

Primera edición: Octubre 2024
ISBN: 978-84-1121-291-5
Depósito legal: B 14.159-2024

A la Tierra, el planeta que hace posible nuestra historia

Sumario

Prólogo

«Ninguna brujería, ninguna acción enemiga había silenciado el renacimiento de una nueva vida en este mundo asolado. La gente lo había hecho por sí misma».

RACHEL CARSON, autora de *Silent Spring*

El Universo tiene una historia sólo porque estamos aquí para contarla. Gracias a nuestra diligencia e ingenio, hemos reconstruido los principales capítulos de la larga saga que comenzó con el Big Bang hace 13.800 millones de años. Esta historia se desarrolla en la inmensidad del espacio, narrando el drama de la materia que baila al son de fuerzas de atracción y repulsión, formando estructuras cada vez más complejas que se convirtieron en átomos, estrellas, galaxias, planetas, vida, nosotros. La forma en que contamos una historia marca la diferencia. Y es hora de volver a contar la historia de lo que somos bajo una nueva mentalidad. Este libro trata de la vida en la Tierra, de su relevancia cósmica, sobre el mandato moral de la humanidad de superar nuestro pasado para remodelar nuestro futuro colectivo. Lo escribo con un sentido de urgencia y esperanza.

La aparición de la vida lo cambió todo. La vida es materia con propósito, con un impulso de existir. En este planeta, la única morada conocida de la vida, surgió hace unos trescientos mil años una especie distinta a todas las demás, el *Homo sapiens*, nosotros. Lo que nos diferenciaba de nuestros antepasados bípedos era una corteza frontal que nos dotó de una capacidad expansiva para el pensamiento simbólico, combinada con la destreza manual para transformar materias primas en herramientas. Aprendimos a controlar el fuego, inventamos idiomas y aprendimos a sobrevivir en grupo, forjando lazos de amor y confianza. Aprendimos a contar historias, a inspirar, a educar, y a advertir. A través de las palabras y el arte, registramos el pasado e imaginamos el futuro.

Pero no pintemos demasiado de rosa nuestro pasado. Las tribus luchaban contra las tribus por la tierra y el poder, como seguimos haciendo nosotros, infligiendo mucho sufrimiento y derramamiento de sangre, como seguimos haciendo. Sólo que ahora somos más eficaces. A pesar de la violencia, y a diferencia de hoy, nuestros antepasados mantenían un vínculo como sagrado: el vínculo con la tierra. Para ellos, la Naturaleza era un reino sagrado, y los espíritus animaban el mundo y sus misterios. Durante milenios, las culturas indígenas de todo el mundo han honrado esta tradición, venerando la interconexión de toda la vida. Siempre han sabido que no estamos por encima de la Naturaleza, sino que formamos parte del colectivo de la vida, que nuestra existencia es frágil y depende de poderes que escapan a nuestro control. Siempre han sabido que el planeta y la vida son uno. Nosotros, sus descendientes modernos, hemos olvidado todo esto.

Nuestro éxito en la supervivencia nos cambió. De cazadores-recolectores nos agrupamos en sociedades agrarias, creciendo en número, doblegando la Naturaleza a nuestras necesidades, encontrando formas cada vez más eficientes de alimentar nuestra hambre física de comida y nuestra hambre psicológica de poder. Nos adueñamos de la tierra, empujando a los dioses a los cielos. La Tierra perdió su encanto y se convirtió en un objeto, una cosa para usar con desprecio, un lugar de cambio y decadencia, de humanos pecadores y bestias salvajes. Lo que antes era sagrado se abrió al saqueo. El colectivo de la vida se rompió, y las criaturas perdieron su derecho a existir.

La ciencia multiplicó por mil nuestro éxito. El hierro que extrajimos, el gas y el petróleo que quemamos, así como las leyes de la mecánica y la termodinámica, impulsaron la maquinaria industrial que dio forma al mundo moderno. Crecimos en número y en necesidad de recursos, minando más hondo, excavando más hondo, chupando las entrañas del planeta en busca del combustible que tan desesperadamente deseábamos. Los cielos se volvieron grises, las aguas turbias, el aire viciado, los bosques fueron arrasados, y los animales fueron sistemáticamente asesinados para comida y placer.

Un profundo cambio de perspectiva se produjo después de que Nicolás Copérnico propusiera en 1543 que, en contra de lo que todos pensaban hasta entonces, la Tierra no era el centro de todo, sino un mero planeta que orbitaba alrededor del Sol, como los demás. Este cambio de perspectiva fue tan desconcertante como revolucionario, y se conoce como *copernicanismo*. A lo largo de los siglos siguientes, determinó nuestra forma de ver el lugar de la Tierra en el Universo. Nuestro planeta, nos dice la astronomía moderna, no es más que una roca en órbita alrededor de una estrella común, un mundo insignificante que flota entre billones de otros en la inmensidad vacía del espacio. Lamentablemente, el copernicanismo pasó de ser la descripción correcta de la posición de nuestro planeta en el sistema solar a una afirmación sobre nuestra insignificancia cósmica. Incluso la vida perdió su magia, ya que nos situamos por encima de los animales, creyendo que los humanos éramos más como dioses que como bestias. Triunfó la visión materialista de nuestro planeta y de la vida, retratando la materia viva y no viva como cosas maquinales hechas de átomos, una visión amoral que no se preocupa por el medio ambiente ni por el colectivo de la vida. Aunque el asombro impulsa la creatividad de muchos científicos, es la inevitable alianza de la ciencia con la maquinaria del progreso la que da forma a su búsqueda. En su necesidad de pragmatismo, la visión ortodoxa del mundo científico mató el espíritu de la Naturaleza.

Ahora que entramos en una nueva era para la humanidad, la era digital, muchos aspiran a llevar esta visión a su lógica y horrible conclusión: rechazo final de nuestros cuerpos, de nuestros lazos con el colectivo de la vida, y convertir nuestra esencia en información almacenada en dispositivos digitales; el fin de la humanidad tal y como la conocemos. La inviabilidad técnica y la inmoralidad de estos locos sueños transhumanos no vienen al caso. La cuestión es la creciente convicción de que este es nuestro destino, que ser codificados en bits de información es nuestro camino hacia la autotrascendencia. Como más personas se dan cuenta cada día, esta es la visión del mundo que debe cambiar, la visión que considera el planeta y la vida como algo sin valor y prescindible, que sitúa a los seres humanos por encima de la Naturaleza, que cree que sólo nuestra destreza tecnológica asegurará el futuro de la civilización. Si esta visión debe desaparecer, la pregunta es: ¿cómo? ¿Cómo podemos cambiar nuestra mentalidad colectiva? ¿Cómo podemos eliminar la sombra que se cierne sobre la humanidad, una sombra creada por nosotros mismos que amenaza nuestro futuro colectivo?

La premisa de este libro es que necesitamos reinventarnos como especie. El meollo de este libro es mi intento de explicar cómo. No se trata de una utopía. Necesitamos reescribir la historia de lo que somos. Seguir como si no pasara nada no es sostenible. Peor aún, es delirante y suicida.

¿Y cuál es esta nueva historia para la humanidad? La ciencia puede guiarnos si cambiamos de perspectiva. Esta nueva historia nos conecta con la vida y el Universo, situándonos como parte de una biosfera que existe sólo porque el Universo nos ha permitido ser, una historia que expresa la interconexión de todo lo que existe; lo que el maestro budista Thich Nhat Hanh llamó inter-ser.

Si, en el desarrollo del tiempo, el Universo o nuestra galaxia hubieran evolucionado de manera diferente, si un solo acontecimiento hubiera cambiado en la historia de la vida en la Tierra, no estaríamos aquí. Los asteroides y cometas que se estrellaron desde los cielos y otros desastres cataclísmicos durante miles de millones de años enmarcaron el curso de la evolución, moldeando a las criaturas que podían sobrevivir en un entorno cambiante. La narrativa postcopernicana que presento aquí promueve lo preciado de nuestro planeta, su rareza como la única joya cósmica conocida que brilla con una biosfera vibrante. Esta historia nos vincula a nosotros y a toda la vida a una única bacteria que vivió hace unos tres mil millones de años en la Tierra primigenia, una historia que apunta a la multitud de mundos en nuestra galaxia para señalar lo rara que es la vida y, mucho más, la vida inteligente capaz de crear tecnologías para explorar sus orígenes cósmicos. En lugar del deprimente «cuanto más sabemos del Universo, menos relevantes nos volvemos», yo sostengo que «cuanto más sabemos sobre el Universo, más relevantes nos volvemos». Nosotros, aquí, abarcamos todo el planeta Tierra, un planeta bendecido con vida y con una especie capaz de conocer su propia historia.

Cuando nuestros antepasados empezaron a contar historias sobre los orígenes humanos, sobre nuestra búsqueda de sentido, el Universo ganó una voz que nunca había tenido. Aunque haya otras voces –y no lo sabemos–, nunca contarán la historia cósmica como nosotros. Su historia nunca será nuestra historia. Como veremos, somos los únicos humanos en el Universo, y la forma en que lo vemos es sólo nuestra. Sin nosotros, el Universo no sabría que existe. Esta es la historia que contamos. Ninguna otra inteligencia la contará de la misma manera. A través de nuestra voz, el tiempo se envolvió en la memoria, y el espacio se convirtió en el escenario donde la materia hizo maravillas. A través de nuestra voz, los átomos se formaron y remodelaron en estrellas y en criaturas vivientes. A través de nuestra voz, el Universo comenzó a cantar su canción de la creación.

La comprensión de que tenemos un papel cósmico, que estamos interconectados con todo lo que existe, que somos codependientes con el colectivo de la vida en este planeta, tiene el poder de remodelar nuestro destino. No hay «nosotros» sin la biosfera. Y sin nosotros, la biosfera no sabe que existe, no tiene voz. La narrativa mecanicista que ha dado forma a nuestro pasado debe dar paso a un relato biocéntrico, a una renovación de nuestro vínculo espiritual con la tierra y la vida, a un reencantamiento del planeta. Sólo tendremos éxito si nos vemos como una única tribu, la tribu humana, mientras abrazamos nuestro futuro colectivo con nuestros corazones encendidos por la convicción de que, juntos, podemos ser más de lo que hemos sido.

Escribí este libro como una llamada de atención. El mundo está cambiando más rápido de lo que habíamos imaginado. Los modelos climáticos llevan décadas advirtiendo de lo que estaba por venir, y ahora somos testigos de las consecuencias de nuestros métodos: especies tropicales que migran hacia el norte; tormentas cada año más potentes; la Sexta Extinción, una pérdida acelerada de biodiversidad debida a nuestra invasión de los hábitats naturales y a la caza depredadora. Antropoceno es el nombre propuesto para la actual era geológica marcada por nuestra presencia destructiva; ciudades de todo el planeta asfixiándose bajo un cielo lleno humo pesado; sequías devastando el globo. La lista es interminable. Negar el efecto del cambio climático sobre el planeta es como negar que envejecemos con el paso del tiempo. Pero este no es otro libro catastrofista, otra advertencia sobre la inevitable oscuridad que nos espera. Ya contamos con muchos y excelentes ejemplos.[1]

Dada nuestra inacción e incapacidad para cambiar, debería quedar claro que las tácticas del miedo no funcionan. No funcionan porque los efectos del cambio climático son graduales y dispersos, y fluctúan debido a la complejidad de cómo los sistemas geofísicos se acoplan con la biosfera. No funcionan porque el cambio reclama sacrificios en distintos frentes, desde el individual hasta el corporativo, exigiendo un profundo reajuste de la forma en que nos relacionamos con el mundo natural. El cambio climático exige que la gente piense a largo plazo, algo inaceptable en una sociedad orientada al beneficio a corto plazo. ¿Qué motivaría, entonces, un cambio tan profundo dado que hemos devaluado sistemáticamente el mundo natural durante siglos? ¿Por qué debería preocuparse la gente por la Naturaleza cuando todos creen que están por encima de ella, que está ahí para que hagamos lo que queramos con ella?

Para cambiar las cosas, primero hemos que transformar nuestra mentalidad colectiva. Tenemos que reconsiderar nuestro lugar en la Naturaleza y nuestro impacto en este planeta y su biosfera. Para conseguirlo, hay que empezar por contar una nueva historia. Este libro es mi intento de proponer una cosmovisión postcopernicana que realinee a la humanidad con el mundo natural. El principio básico de esta nueva cosmovisión es el biocentrismo, la idea de que un planeta vivo es un reino sagrado que merece respeto y veneración. Sostengo que esta toma de conciencia conlleva un nuevo imperativo moral que, de seguirse, redefinirá nuestro futuro colectivo y garantizará la longevidad de nuestro proyecto de civilización.

Parte I
Mundos imaginados

1. ¡Copérnico ha muerto! ¡Viva el copernicanismo!

> «En reposo, sin embargo, en medio de todo está el sol. Porque en este bellísimo templo, ¿quién colocaría esta lámpara en otra posición mejor que aquella desde la que puede iluminar todo al mismo tiempo?».
>
> NICOLÁS COPÉRNICO, *Sobre las revoluciones de las esferas celestes*

Paralizado por una apoplejía, el viejo astrónomo yacía postrado en la cama en una soledad impotente. Haciendo acopio de todas sus fuerzas, levantó la cabeza para echar un vistazo al cielo nocturno a través de la ventana. Sus ojos vagaban, como los planetas, escudriñando el oscuro paisaje de los cielos, el único lugar en el que se sentía a gusto. Las estrellas iban y venían, rotando lentamente hasta perderse de vista, hasta que volvían a la noche siguiente, chispas de luz fijadas en la cúpula del cielo. «Qué tontos hemos sido –murmuraba para sí– al pensar que todo es como nos dicen nuestros ojos».

Cada mañana esperaba con impaciencia la visita de Tiedemann Giese, canónigo eclesiástico como él y su único amigo de toda la vida. Copérnico se quedaba mirando la puerta, anticipando el sonido de Giese subiendo las escaleras. A las diez en punto, el viejo canónigo abrió la puerta sin llamar. «¡Estas escaleras me van a matar!», dijo, jadeando. Copérnico sonrió lo mejor que pudo e hizo un gesto a su amigo para que lo apoyara en la cama. Señaló con un dedo tembloroso el paquete cuidadosamente envuelto que Giese tenía en la mano. «¡Sí, esto es, viejo, tu libro está listo por fin! Has tardado treinta años en escribirlo, y se nota. ¡Pesa una tonelada!».

Era el trabajo de toda la vida de Copérnico, empaquetado entre dos cubiertas: *Sobre las revoluciones de las esferas celestes*. El mundo finalmente sabría lo que pensaba acerca de la cosmovisión equivocada de la Iglesia. Y la Iglesia no estaba sola. Los babilonios, los egipcios, los griegos, los romanos..., todos habían estado equivocados durante miles de años. La única excepción fue el griego Aristarco. Ya en el año 250 antes de Cristo vio la Tierra como lo que es, un planeta que gira alrededor el Sol. Pero nadie le hizo caso. El sistema mundial de Aristóteles con la Tierra en el centro del cosmos, con la Luna, el Sol, los planetas y las estrellas girando a su alrededor, era tan simple y convincente que había mantenido a todas las mentes bajo un hechizo. Hasta ese momento. El libro de Copérnico arreglaría esto. Incluso se lo dedicó al papa Pablo III, expresando su esperanza de que las escrituras y la astronomía no entraran en conflicto. Dios hizo los cielos. Eso era indiscutible. Para Copérnico, ser astrónomo era adorar la creación del Señor. Sólo las estrellas podían elevar las mentes de los hombres más cerca de Dios. El Libro Sagrado, sin embargo, no era un plano de la creación. No se suponía que debía describir el cosmos en detalle. Incluso aunque las almas y los planetas sean vagabundos, vagan por universos diferentes.

Y ahora le tocaba a él, Nicolás Copérnico, revelar al mundo el verdadero mensaje de las estrellas: que la Tierra se mueve alrededor del Sol al igual que Marte, Júpiter y todos los demás planetas; que la Tierra gira sobre sí misma en veinticuatro horas, la duración de un día; que la Luna es el único objeto celeste que gira alrededor de la

Tierra, y, por último, que todos los planetas giran alrededor del Sol en órbitas circulares. Su disposición sigue el tiempo que tarda cada uno en completar un viaje alrededor del Sol: Mercurio, tres meses; Venus, ocho; la Tierra, un año; Marte, dos; Júpiter, doce años, y Saturno, el último, veintinueve. El tiempo es el secreto de la armonía celeste. Este es el verdadero mensaje de las estrellas.

Giese se sentó junto a su amigo y desenvolvió cuidadosamente el paquete. Cuando abrió la tapa para ver las primeras páginas, notó algo inusual: un nuevo prefacio, sin firma, que no aparecía en el manuscrito original. Johann Petreius, el editor de Nuremberg, seguro que no era el autor. Georg Joachim Rheticus, el único alumno de Copérnico, veneraba cada palabra de su maestro y no se atrevería a alterar nada sin permiso. ¿Quién, entonces?

Giese trató infructuosamente de ocultar a su amigo la página extraviada. Pero el dedo tembloroso se lo señaló. Giese carraspeó y leyó:

> «Ya se han difundido informes sobre las novedosas hipótesis de esta obra, que declara que la Tierra se mueve mientras que el Sol está en reposo en el centro del Universo. De ahí que ciertos eruditos, no lo dudo, se sientan profundamente ofendidos y crean que las artes liberales, que se establecieron hace mucho tiempo sobre una base sólida, no deben ser confundidas...».[1]

«Quizá debería saltarme esto –dijo Giese, con una oleada de frío inundándole el estómago–. Parece un poco de paja para empezar. Quizá Rheticus escribió esto como una sorpresa para ti». El dedo seguía apuntando resueltamente a la página. Giese sabía que no había vuelta atrás. «¡Muy bien! Aquí va entonces». Se saltó unas cuantas frases:

> «En esta ciencia hay otros absurdos no menos importantes, que no es necesario exponer ahora. Porque este arte, queda bastante claro, es completa y absolutamente ignorante de las causas de los aparentes movimientos no uniformes. Y si algunas causas son inventadas por la imaginación, como de hecho muchas lo son, no se exponen para convencer a nadie de que son ciertas, sino simplemente para proporcionar una base fiable para el cálculo».

«¿Simplemente para proporcionar una base fiable para el cálculo? ¡Esto es una tontería! –espetó Giese–. ¡Este idiota está diciendo que tu sistema del mundo es una fantasía!». Desgarrado por la culpa, miró a su amigo enfermo. Él y Rheticus fueron los que habían empujado a Copérnico a escribir el libro, en contra de su voluntad. «Tenía razón –pensó Giese–. El mundo no está preparado para este tipo de conocimiento».

Con estas palabras en su mente, Copérnico miró en silencio la ventana abierta. Una lágrima rodó por su ojo izquierdo, el que aún podía abrir. El dedo seguía apuntando al libro. Giese sabía que tenía que terminarlo:

> «Por lo tanto, junto a las hipótesis antiguas, que ya no son probables, permitamos que estas nuevas hipótesis también se den a conocer, sobre todo porque son admirables además de sencillas y traen consigo un enorme tesoro de observaciones muy hábiles. En lo que concierne a las hipótesis, que nadie espere nada cierto de la astronomía, que no puede proporcionarlas, no sea que acepte como verdaderas ideas para otro fin y salga de este estudio más necio que cuando entró en él. Hasta la vista».

Giese sacudió la cabeza con incredulidad. «¡Llevaré esto a los tribunales mañana! ¡Arreglaremos esta escandalosa violación de tu trabajo! ¿Quién habrá hecho esto? El cobarde ni siquiera lo firmó».

En una carta de finales de 1543 a Rheticus, Giese registró la tragedia: «Copérnico sólo vio su libro terminado en el último momento, el día de su muerte». Giese trató de vengar a su amigo, pero los tribunales no lo hicieron. Durante décadas, la mayoría de los estudiosos que leyeron el libro creyeron que Copérnico había sido el autor del prefacio anónimo en el que afirmaba que el modelo centrado en el Sol era simplemente una herramienta matemática, no el verdadero orden de los planetas. El autor de esta farsa fue, de hecho, el teólogo luterano Andreas Osiander, que había mantenido correspondencia con Copérnico a lo largo de los años y argumentado en contra de sus ideas. Mientras que en aquel momento el Vaticano guardaba silencio con respecto a la disposición de los cielos, Martín Lutero había criticado públicamente las primeras ideas de Copérnico sobre un cosmos centrado en el Sol, llamándole «astrólogo insensato».

Pocos episodios en la historia de la ciencia son más significativos o más dramáticos. Rheticus, también luterano, había sido encargado de supervisar la publicación del manuscrito en Nuremberg. Sin embargo, tuvo que huir de la ciudad antes de que el libro estuviera listo, al parecer por acusaciones de homosexualidad. Osiander, un teólogo respetado, debe haber sido la única persona local que Rheticus conocía y sabía que estaba lo suficientemente bien informado como para asumir la tarea. Y así lo hizo, añadiendo su propio prefacio y cambiando el título original de *Sobre las revoluciones de las esferas del mundo* a *Sobre las revoluciones de las esferas celestes*, probablemente para conseguir que se captase de inmediato su propósito.

Ningún mundo como el nuestro gira, sólo las esferas que transportan planetas en los cielos. El mensaje de Osiander era claro: el cosmos de Copérnico, centrado en el Sol, no era más que un modelo geométrico de fantasía con esferas giratorias que llevaban planetas alrededor del cielo, bueno para calcular sus ubicaciones futuras y para nada más. El modelo no tenía nada que ver con la realidad. Sólo los tontos pensarían lo contrario.

Cincuenta años pasarían antes de que alguien se diera cuenta de que Copérnico no pudo haber escrito ese prefacio. Al parecer, el detective fue el astrónomo alemán Johannes Kepler, que desenmascaró a Osiander en 1609, si no antes. El prefacio de Osiander está tachado con una gran X roja en la copia de Kepler del libro.

En *El libro que nadie leyó: persiguiendo las revoluciones de Nicolás Copérnico*, el astrónomo e historiador de la ciencia Owen Gingerich reconstruyó el destino de las copias existentes del libro de Copérnico, rescatándolas del olvido en monasterios y bibliotecas privadas, o cuando pasaban de propietario en propietario por toda Europa. Su conclusión: a muy poca gente le importaba el libro de Copérnico, a parte de como una guía para predecir las posiciones de los planetas y las estrellas, útil para la astrología y la navegación. El título del libro de Gingerich lo resume todo. La publicación de *Sobre las revoluciones* no provocó una revolución, ni siquiera una reacción notable. En su lugar, el profundo giro de un sistema centrado en la Tierra a una visión del mundo centrada en el Sol sería a fuego lento por un tiempo, llegando a un hervor completo sólo a principios de 1600, sobre todo gracias a Galileo Galilei en Italia y a Johannes Kepler en Europa Central. Estos dos pensadores pioneros se preocupaban mucho más por la verdad que podían leer en la Naturaleza que por las afirmaciones dogmáticas basadas en la fe. Para ambos, la observación y el análisis de datos tenían prioridad sobre la autoridad de la Iglesia. El libro de la Naturaleza se leía tomando mediciones.

Tras miles de años como centro del cosmos, la Tierra fue apartada para unirse a los otros planetas conocidos. Sin centralidad, ninguna importancia divina, ninguna misión especial o razón para existir. Sólo un mundo errante, como tantos, dando vueltas alrededor del Sol. Este cambio en el orden cósmico transformó la historia. Cuando la Tierra perdió su papel central, también lo perdieron la humanidad y las criaturas de este mundo. Esta pérdida de centralidad causó confusión material y espiritual. Antes, con la Tierra como centro de la creación, las cosas tenían sentido. Una roca cae al suelo para volver a donde pertenece. Hecho de carne y sangre –sucia y líquida–, los seres humanos pisan el polvo mientras sus almas inmateriales aspiran a ascender al Cielo, a reunirse con Dios. El orden vertical del cosmos físico, como reflejaba *La divina comedia* de Dante. Lo físico y lo religioso formaban un todo cohesionado. Ahora surgían nuevas preguntas: ¿por qué caen las cosas al suelo? ¿No deberían caer al Sol si éste es el centro de todo? ¿Dónde está el Cielo? ¿Hay seres vivos en otros planetas? Si es así, ¿también forman parte de la creación de Dios?

A menudo me pregunto si Copérnico sabía que su obra provocaría un cambio tan profundo en la visión del mundo. Sospecho que sí, pero nunca lo sabremos. Con la eliminación de la Tierra del centro de todo, lo que era único de nuestro planeta se convirtió en posible en otros lugares; especialmente la vida. En la década de 1580, el rimbombante fraile italiano Giordano Bruno, tal vez el primer copernicano franco, especuló que cada estrella era un Sol rodeado de mundos, muchos de ellos habitados, como el nuestro. Siendo así, y con otros humanos ahí fuera, los pecadores abundarían en el cosmos.

¿Tenían ellos también un redentor? ¿Era el mismo Cristo de nuestro mundo? A principios del siglo XVII, Kepler escribió una historia llamada *Somnium* en la que un viajero viaja a la Luna. A su llegada, el explorador se encuentra con todo tipo de criaturas, mutaciones extrañas de lo que existe aquí, cavernícolas, que se arrastran por entre sombras, cada una con sus extrañas adaptaciones a un entorno extraño, prediciendo en cierta manera lo que se convertiría en la teoría de la evolución de Darwin unos dos siglos y medio después.

Una vez que la Tierra es vista como un planeta más entre muchos otros, y dado que las leyes de la física y la química son las mismas en todo el Universo –y ahora sabemos que lo son–, la vida se convierte, al menos hipotéticamente, en un imperativo cósmico. La Tierra ya no es un mundo especial. Debería haber multitud de mundos similares a la Tierra en nuestra galaxia y probablemente otros tantos en los miles de millones de galaxias repartidas por el Universo. Si es así, si hay muchos planetas similares a la Tierra, ¿por qué no vida? Esta es, en pocas palabras, la esencia de la visión copernicana del mundo: nuestro planeta no tiene nada de especial; es sólo un mundo rocoso que gira alrededor de una estrella ordinaria en la inmensidad vacía del cosmos. Esta visión es central en la profunda crisis de identidad que amenaza el futuro de nuestra especie y de muchas de las criaturas con las que compartimos este planeta.

Las visiones del mundo cambian. Han cambiado en el pasado y seguirán cambiando mientras nos preocupemos por aprender más sobre el Universo y nuestro lugar en él. Estamos preparados para el cambio. Casi cinco siglos después de la muerte de Copérnico, tenemos un nuevo mensaje de las estrellas: el copernicanismo debe desaparecer. Es hora de que se instaure una visión del mundo postcopernicana, informada por la ciencia y por una confluencia de narrativas interculturales que, en conjunto, puedan provocar un cambio profundo para la humanidad, un cambio con el poder de reorientar nuestro futuro colectivo. Para que se produzca este cambio, la narrativa actual debe pasar de una en la que la Tierra es un planeta típico a otra que celebre la rareza de nuestro planeta y la vida que alberga. Somos la única especie que conocemos capaz de darse cuenta de ello. Tras casi cuatro mil millones de años de evolución, nuestra aparición en este raro planeta marcó el amanecer de una nueva era cósmica: la era cognitiva, la era de un Universo consciente. Saber esto e interiorizar su significado es adquirir un nuevo sentido de propósito colectivo que nos pide que reorientemos nuestra relación con nuestro planeta viviente, pasando de una de abuso y negligencia a otra de reverencia y gratitud. Somos vida capaz de contar su propia historia. La historia de lo que viene, del futuro de nuestro proyecto colectivo de civilización, está en nuestras manos.

2. Soñar el cosmos

«Los mundos sobre mundos ruedan siempre
de la creación a la decadencia,
como las burbujas de un río
chispeando, estallando, llevadas lejos».

PERCY BYSSHE SHELLEY, *Hellas*

De los mitos a los modelos

La curiosidad impulsa la imaginación y rescata la vida de la trivialidad de la uniformidad. Siempre ha sido así, pero rara vez con la intensidad explosiva de los filósofos que vivieron aproximadamente entre los siglos VI y IV a.C. en la antigua Grecia, conocidos colectivamente como los *presocráticos*. El nombre implica que vivieron antes o alrededor de la época de Sócrates, el filósofo ateniense que propuso que el diálogo era el camino hacia el aprendizaje y el entendimiento mutuo. Hasta entonces, los dioses habían sido la explicación por defecto de por qué y cómo sucedían las cosas, desde los desastres naturales hasta las batallas victoriosas, desde las hambrunas hasta las épocas de abundancia. El sol cruzaba el cielo cada día desde el este hacia el oeste como el dios Helios en su ardiente carroza voladora. En el hinduismo, Shiva creó el cosmos mediante una danza, animando la materia y dándole forma antes de destruir su creación en ciclos interminables. Estas explicaciones míticas de los fenómenos naturales son comunes a las culturas de todo el mundo, antiguas y actuales. Narraciones poéticas que ofrecen cierto control sobre poderes que nos superan ampliamente y que intentan crear una sensación de orden en un mundo complejo y a menudo impredecible. Los mitos transforman los acontecimientos naturales en historias que la gente cuenta para dar sentido a lo que parece incomprensible. Los mitos son narraciones básicas que definen valores culturales, ideas unificadoras compartidas por un grupo. Su poder no reside en que sean correctos o incorrectos, sino en que se les cree. Los mitos traducen la Naturaleza en palabras, humanizan lo asombroso de la realidad y tienden un puente entre lo concreto y lo desconocido.

Un famoso mito griego cuenta la historia de Prometeo, el Titán que robó el fuego a los dioses y se lo dio a la humanidad, entregando a nuestra especie el dominio de uno de los poderes más sobrecogedores de la Naturaleza, un dominio que nos situó por encima de todos los demás seres vivos. Pero como suele decirse y olvidarse con la misma frecuencia, el poder conlleva responsabilidad. El poder de controlar el fuego significaba que los humanos tenían que elegir cómo utilizarlo: para crear o para destruir. Zeus, a quien le disgustaba cualquier amenaza a su dominio, encadenó a Prometeo a una roca donde un águila devoraba cada día su hígado, que volvía a rehacerse cada noche. La agonía de Prometeo sólo terminó cuando Hércules acudió en su rescate. Este mito es una exploración temprana del conflicto entre religión y ciencia, lanzando la razón contra la fe: cuanto más saben los humanos sobre la Naturaleza y sus recursos, menos espacio queda para la creencia en lo sobrenatural. El control del fuego hace que los humanos se parezcan menos a los animales y más a los dioses, un estatus muy peligroso para criaturas inmaduras con una capacidad primitiva de juicio moral. El poder de controlar la Naturaleza no nos enseña nada acerca del cómo, o si este poder debe ser utilizado. El dilema moral de cómo utilizar el conocimiento científico está tan presente como entonces, con consecuencias mucho más urgentes.

Los presocráticos intentaron socavar el poder del mito con una nueva herramienta: la dialéctica, el arte de investigar la verdad de un argumento a través de la discusión razonada. Al elegir el debate racional sobre la creencia dogmática, estos primeros filósofos occidentales plantaron las semillas de lo que sería la ciencia dos mil años más tarde. Cambiaron el enfoque cultural de su época, de las historias de los dioses y sus hazañas a los mecanismos del mundo natural. También sospecharon que a menudo las cosas no son lo que parecen. Descubrir los secretos de la Naturaleza y su funcionamiento interno se convirtió en su búsqueda, impulsada por una obsesión por encontrar la verdad sobre el mundo. A través de la niebla de la magia y adivinación que prevalecía en aquellos días, los presocráticos buscaban el poder de una forma alternativa de conocimiento anclada en lo natural y cognoscible en oposición a lo sobrenatural e incognoscible.

Para comprender lo innovadores que eran estos pensadores, retrocedamos al pasado e intentemos visualizar el cosmos como lo hacía la gente hace veinticinco siglos, sin lo que sabemos ahora. Su principal herramienta de observación era el ojo desnudo. No tenían telescopios ni detectores. Sólo disponían de herramientas muy rudimentarias, como el gnomon, una varilla clavada verticalmente en el suelo que se utilizaba para saber la hora por la posición y la longitud de su sombra (por ejemplo, en los relojes de sol).

Al mirar al cielo nocturno en una noche sin luna, veían innumerables puntos de luz, igual que nosotros cuando estamos lejos de las luces artificiales. Se dieron cuenta de que algunas luces celestes parpadeaban y otras no. Curiosos, se preguntaron qué eran esas luces y por qué desaparecían durante el día. Se dieron cuenta de que todo el cielo nocturno gira de este a oeste, igual que el sol durante el día. Con paciencia, se dieron cuenta de que algunas luces celestes, las que no parpadeaban, se movían lentamente por el cielo con respecto a las luces parpadeantes. Las llamaron *planetes*, de la palabra griega para vagabundo. Los planetas, según ellos, eran luces celestes errantes. Las otras luces, las que parecían fijas entre sí, eran *astros* o estrellas. Algunas estrellas parecían agrupadas en patrones identificados con imágenes de animales, de criaturas mágicas, de dioses, de figuras geométricas, lo que llamamos constelaciones. Estas «estrellas fijas» se movían en conjunto, con centelleos ajenos al tiempo, como pequeños diamantes de luz incrustados en la oscura cúpula celeste. Toda esta majestuosa estructura de estrellas y planetas giraba alrededor de la Tierra.

La centralidad de la Tierra, el suelo que pisaban estos primeros pensadores, parecía obvia e inevitable. ¿Y no lo sigue siendo si olvidamos lo que ahora sabemos? Vemos los cielos girando sobre nosotros, no nosotros sobre los cielos. No nos mareamos como en un tiovivo. Por eso no es de extrañar que los primeros mapas del cosmos situaran la Tierra en el centro de todo. La Tierra era especial. Era diferente de las luminarias celestes de arriba. No brillaba por sí misma. Ya en el año 450 a.C., el filósofo griego Empédocles propuso que la Tierra y todo lo que hay en ella estaban compuestos por cuatro elementos básicos –tierra, agua, aire y fuego– mezclados entre sí en diferentes proporciones. Muy razonablemente, el mundo estaba hecho del tipo de cosas que podemos ver y tocar, aunque, como era de prever, los filósofos anteriores y posteriores a Empédocles discreparon sobre los detalles, como lo hicieron sobre lo que creó las estrellas y los planetas.

También estaba el problema del tiempo. Las luces de los cielos no parecían cambiar nunca. Aquí abajo, sin embargo, todo parecía estar en constante cambio. Los elementos se mezclaban para crear toda clase de brebajes vivos y no vivos: tierra húmeda, arena seca, viento polvoriento, nubes y niebla, carbón y metales ardientes y brillantes, árboles, insectos, pájaros, serpientes, caballos, personas. La aparente intemporalidad de las luminarias celestes chocaba con la naturaleza siempre cambiante de las cosas en la Tierra. Aquí abajo, nada era eterno; allí arriba, todo parecía serlo. Entonces, ¿quedaba el tiempo relegado únicamente al ámbito terrenal? ¿Eran eternos los cielos? En conjunto, la lista de propiedades que hacían a la Tierra diferente, incluso excepcional, era cada vez más larga: no sólo su posición central en el cosmos y su composición material, sino también el hecho de que el tiempo y el cambio parecían ser particulares sólo de la realidad terrestre. La Tierra, entendían estos primeros filósofos, era el reino de lo mortal, del envejecimiento y la decadencia. Pero también del nacimiento y el rebrote, del azar y lo inesperado. A pesar de todos los desafíos que conlleva el paso del tiempo, al menos concede el privilegio de presenciar cómo florece una rosa o cómo un arco iris teje de color el cielo, aunque sólo sea por un breve instante.

Y luego estaba el problema de ser humano, que, por supuesto, sigue estando muy presente entre nosotros. Somos un extraño tipo de animal, dotado de una capacidad de manipulación de símbolos complejos y de una urgencia por dar sentido al mundo. ¿Por qué somos conscientes del torrente incesante de emociones y pensamientos que inunda nuestra mente? Nuestros antepasados dibujaban en las paredes de las cuevas y construían armas y tótems, y se preguntaban por (y temiendo) el funcionamiento de la Naturaleza con un profundo sentimiento de asombro y reverencia. Avance rápido, miles de años y seguimos dibujando, construyendo y reflexionando. ¿Por qué somos tan diferentes de los demás animales? ¿Con qué fin?

Para responder a estas preguntas, nuestros antepasados contaban historias de la creación, relatos míticos que, como ya se ha dicho, desempeñaron muchas funciones, entre ellas la de diferenciarnos del resto del mundo natural. Las historias de la creación suelen tratar de nosotros, de cómo llegamos a ser. Su marco medioambiental específico reflejaba las realidades de los narradores. Los habitantes del desierto contaban historias de vida conformada por tierra y barro; las culturas rodeadas de océanos veneraban el agua y el sol; si eran de un clima frío, las historias eran de hielo y fuego; si de la selva, de los árboles y la lluvia. Estaba el mundo de lo visto, la realidad percibida por los sentidos, y el mundo de lo invisible, las fuerzas misteriosas que parecían manejar gran parte de lo que ocurría con poderes más allá de lo concebible. Esta polarización entre lo que se ve y lo que no se ve surgió de una comprensión de la realidad basada únicamente en nuestros sentidos, una comprensión que fracturó el mundo en dos reinos en conflicto: lo visto y conocido, y lo oculto e incognoscible. En este marco dual, aún no había lugar para lo desconocido, aquello que, en principio, podía entenderse a través de un proceso de indagación y el análisis. Para nuestros antepasados, nuestros poderes se limitaban al reino de lo conocido, el mundo natural sobre el que podíamos actuar, el sensorio humano. Sin embargo, incluso dentro de este limitado ámbito de lo conocido, podíamos hacer mucho, imponiendo nuestra voluntad sobre la de otras criaturas mediante el uso del fuego, las herramientas y una hábil estrategia.

Este poder, que abarcaba lo que podíamos controlar del mundo, con el tiempo condujo –especialmente en las culturas occidentales– a una arraigada creencia en el excepcionalismo humano y terrestre: los seres humanos estamos en la cúspide de la creación; la Tierra está en el centro del cosmos. Esta creencia se magnificó cuando las grandes tradiciones monoteístas fusionaron la centralidad de la Tierra y la superioridad de los humanos como parte del plan de Dios. Nuestra supremacía era inevitable; peor aún, era sagrada.

La creencia de que estamos en la cúspide de la Naturaleza arraigó profundamente en nuestras normas culturales. Para la mayoría de la gente, es la visión dominante del mundo, y por tanto muy difícil de cambiar; pero hay que cambiarla. Necesitamos un nuevo relato sobre quiénes somos y dónde encajamos en el mundo natural, una narrativa que trate menos de dominación y más de pertenencia. En esto, tenemos mucho que aprender de los filósofos presocráticos. Como veremos, pueden haber estado en desacuerdo sobre los detalles de sus sistemas mundiales y la naturaleza del cambio, pero muchos, apartándose radicalmente de las narrativas míticas anteriores, sugirieron una profunda conexión entre los seres humanos y todas las formas de vida, como emanadas de una única sustancia primigenia o como de la mezcla de unas pocas. Y lo que es más importante, algunos incluso propusieron que este proceso continuo de creación y degeneración en materiales primigenios incluía no sólo lo que había en la tierra, sino también lo que estaba en los cielos. Reconociendo que había similitudes entre lo que ocurría en los cielos y aquí abajo, estos pensadores sugirieron que todo el cosmos bailaba al son del cambio y la transformación, siguiendo reglas naturales y no sobrenaturales. Lo que hasta entonces había sido una rígida dualidad entre lo conocido y lo incognoscible al describir el mundo natural se abrió para dar lugar a una tercera posibilidad: lo desconocido, que abarcaba lo que se podía sondear y comprender mediante el discurso racional, ampliando el reino de lo posible. Entre la inmediatez de los sentidos y la inaccesibilidad de lo divino, había un mundo físico que esperaba ser descifrado.

Un aspecto importante de la filosofía presocrática es que se sitúa en línea con las culturas indígenas de todo el mundo. Para muchos pensadores griegos, la Naturaleza estaba viva, era un organismo que palpitaba con la energía de la materia viva. A Tales de Mileto, que vivió hacia 650 a.C. y a quien se considera como el primero de los presocráticos, se le atribuye afirmar que «todas las cosas están llenas de dioses». Los dioses aquí no son los dioses humanos del Olimpo, como Zeus y Hermes. Son las fuerzas ocultas dentro de los objetos vivos y no vivos, responsables de sus propiedades físicas, tales como, por ejemplo, los poderes de la piedra de magnesio, capaz de atraer el metal (lo que hoy llamamos imanes).

Aristóteles, que escribió más de trescientos años después de Tales, le atribuyó a él y a sus seguidores una especie de visión animista de la Naturaleza, la creencia en un espíritu-alma que impregna todas las cosas. Para Tales y sus seguidores, la Naturaleza estaba viva, en constante flujo y transformación. La materia cambiaba de forma y propiedades, pero mantenía su esencia interior. A modo de comparación moderna, como describimos la transformación del agua en hielo o vapor, todos de la misma molécula de H_2O, pero con propiedades diferentes debido a los cambios de temperatura y presión. Los «dioses» en todas las cosas fue un intento de dar sentido a las fuerzas ocultas responsables de estos cambios materiales.

Los primeros presocráticos creían en un principio unificador para la materia, que todo lo que existía derivaba de esta única fuente y volvía a ella a su debido tiempo. Cuál era ese elemento primordial variaba de pensador a pensador. Para Tales, era el agua; para su discípulo Anaximandro, una sustancia abstracta que llamó el ápeiron, palabra griega que significa indefinido o ilimitado; para su seguidor Anaxímenes, era el aire. Para todos ellos, la materia bailaba su coreografía de creación y destrucción, pero ahora sin los dioses en el control. Los procesos naturales se desarrollaban sin conductores divinos. En un profundo cambio de visión del mundo, las fuerzas que animaban las cosas ya no formaban parte de una mitología sobrenatural. Lo incognoscible se convirtió en desconocido, abriendo el Universo al escrutinio y al análisis, anunciando el amanecer del pensamiento científico en Occidente. Ecos de la notable imaginación presocrática resuenan en muchas de las preguntas que aún nos hacemos hoy.

El primer cosmólogo

El primer modelo mecánico del cosmos de Anaximandro supuso un enorme primer paso hacia la transición de las explicaciones míticas a las racionales de los procesos naturales. Hacia el año 600 a.C., su objetivo era describir el mundo de la experiencia mediante mecanismos concretos. Se le atribuye (probablemente de forma inexacta) la invención del gnomon y ser un experto en la construcción de relojes de sol y globos celestes. También se le atribuye haber sido el primero en dibujar un mapa que delimitaba la tierra y el mar. Aunque nada de esto está confirmado, no cabe duda de que creía en el poder de las herramientas y los modelos para describir la realidad tal y como la perciben los ojos humanos. Su pragmatismo se basaba en su creencia en el ápeiron, la sustancia primigenia abstracta que da origen a todo lo que existe, incluidos los cielos y los mundos que hay en ellos.

Anaximandro concibió una cosmología de un cosmos eterno en el que los mundos nacen y mueren en una sucesión interminable «según la necesidad, ya que se castigan y retribuyen unos a otros por su injusticia según la valoración del tiempo». Esta cita es el único fragmento que se conserva de sus escritos, una evocación de la finitud pero también de la conexión de toda la existencia, desde los mundos celestiales hasta las criaturas vivas, bajo la fría evaluación del paso del tiempo. El ápeiron «envuelve todo y lo dirige todo», como escribió Aristóteles más tarde, siendo el tejido conectivo de toda la existencia, viva y no viva.[1]

De la visión de Anaximandro emerge una belleza profunda e inspiradora. Todo lo que existe, vivo y no vivo, se origina de la misma sustancia primigenia, el ápeiron. Cuando el ápeiron se convierte en una entidad material, su existencia se ve limitada por el paso del tiempo. Cuando llegue el momento, perecerá y reciclará sus materiales en otras formas de ser. Un objeto material, ya sea un mundo, una roca, una planta, una ola o una persona, es una identidad efímera en el perpetuo flujo y reflujo de la sustancia primigenia.

En la visión de Anaximandro, las estrellas ya no eran luces misteriosas en la bóveda celeste. Hizo de los patrones estelares un mecanismo. Había ruedas girando alrededor de la Tierra. Estas ruedas tenían llantas llenas de fuego. El Sol, la Luna y las estrellas eran fuego que salía de los agujeros de las ruedas. A medida que las ruedas giraban, los agujeros giraban con ellas, lo que en la Tierra vemos como los objetos que giran a nuestro alrededor.

El cosmos se convirtió en una máquina de ruedas dentro de ruedas. Lo que antes era un misterio se convirtió ahora en un mecanismo, una cosmología racional que sustituyó a una narración mítica.

Algunos autores griegos y romanos de la Antigüedad, entre ellos Plutarco (c. 46-120 d.C.), atribuyeron a Anaximandro un modelo cosmogónico, una descripción del origen de los mundos. Lo sorprendente es que Anaximandro intuyó algunos aspectos de la formación planetaria de forma que guardan resonancia, al menos de manera figurada, con nuestra comprensión moderna de cómo nacen los planetas, las lunas y las estrellas:

> [Anaximandro] dice que lo que es productivo del calor y el frío eternos se separó al llegar a ser este mundo, y que una especie de esfera de llama a partir de esto se formó alrededor del aire que rodeaba la Tierra, como la corteza alrededor de un árbol. Cuando ésta se separó y se cerró en ciertos círculos, se formaron el Sol, la Luna y las estrellas (K&R 131).

Existía una materia primigenia sin forma (el ápeiron) que combinaba todos los opuestos: el caos. Luego el caos se autoorganizó en orden, sin la acción de un dios. La separación de lo caliente y lo frío de esta masa «productiva» encendió el proceso de creación, generando una esfera de llamas que rodeó la Tierra como «la corteza de un árbol», recordándonos los anillos de materia que se originan durante la formación planetaria. Estos anillos de fuego componían el modelo mecánico de Anaximandro, que representaba el Sol, la Luna y las estrellas como fuego que salía de agujeros en ruedas que rodeaban la Tierra.

Los mundos se forman a partir de una materia primordial que se separa y reordena en anillos ardientes que acaban convirtiéndose en las luminarias celestes. Resulta extraño que hace veinticinco siglos alguien imaginara un mecanismo tan dinámico para la formación de mundos. Lo que importa no es lo exacto que fuera Anaximandro en comparación con la ciencia moderna, sino que algunos de los pasos clave que imaginó siguen siendo válidos hoy en día, incluida la noción de que el Sol, los planetas y las lunas surgen de la misma bola de fuego primigenia de materia.

La astrofísica moderna nos dice que las estrellas son gigantescas máquinas gravitatorias que transforman el hidrógeno –el elemento químico más abundante en el Universo– en todos los demás elementos químicos, desde los componentes químicos de los minerales que forman las rocas hasta el calcio de nuestros huesos y el hierro de nuestra sangre. Las estrellas nacen cuando las nubes de hidrógeno en contracción se vuelven lo bastante densas como para iniciar la fusión del hidrógeno en helio en su núcleo. Viven vidas dramáticas y mueren dramáticamente, derramando sus entrañas a través del espacio interestelar, sembrando los viveros estelares con sus restos químicos en una danza de muerte y resurrección. De nuevo, una y otra vez a lo largo de la historia cósmica, las estrellas transforman el hidrógeno en la asombrosa variedad de átomos y compuestos moleculares que forman todo lo que existe. Si Anaximandro lo hubiera sabido, ¿habría llamado al hidrógeno su ápeiron?

Antes de ir más allá de Anaximandro, merece la pena señalar que, al parecer, ideó el precursor de lo que hoy llamamos *multiverso*, el hipotético conjunto de universos posibles que incluye el nuestro. Los detalles concretos son confusos, y hay muchas discusiones entre los clasicistas sobre la visión de Anaximandro de la creación y destrucción de los mundos. Aun así, los expertos coinciden en que, en su cosmología, los mundos surgen y perecen de vuelta al ápeiron en la «evaluación del tiempo». La controversia radica en los detalles de lo que son estos «mundos». Algunos dicen que Anaximandro se refería al ciclo de creación y destrucción continua de muchos mundos que coexisten en el espacio, pero otros dicen que quería decir que los ciclos se aplican sólo a nuestro mundo que se crea y se destruye en el tiempo.

Estas dos interpretaciones se asemejan, al menos en algunos aspectos cualitativos, a los tipos de multiversos propuestos (de los que hablaremos más adelante). En resumen, un multiverso es una colección de universos, cada uno, al menos en teoría, con propiedades físicas diferentes. En uno, el electrón tiene una masa determinada; en otro, una masa diferente. O, de universo a universo, la fuerza de gravedad y otras fuerzas pueden variar.

Según los modelos físicos actuales, un multiverso puede existir en el espacio o en el tiempo. Un multiverso en el espacio describe una colección de universos que coexisten en el espacio, como pompas de jabón flotando, aunque no se comunican entre sí. No se puede viajar de un universo a otro sin violar algunas leyes de la física. Algunos universos pueden vivir mucho tiempo; otros perecerán al cabo de poco. Nuestro Universo (con mayúsculas, para diferenciarlo de los demás) es uno de estos universos coexistentes, el que resulta tener las propiedades físicas que le permiten ser lo suficientemente antiguo y estar lleno de los tipos de materia adecuados para formar galaxias compuestas por miles de millones de estrellas y planetas que giran alrededor de la mayoría de estas estrellas. Entre esta vasta pluralidad de mundos, al menos uno sustenta una biosfera espectacularmente abundante que incluye una especie animal terrestre capaz de un lenguaje complejo y dotada de un profundo afán por comprender sus orígenes.

Un multiverso en el tiempo describe un único Universo que atraviesa ciclos (posiblemente) interminables de creación y destrucción, como la mítica ave fénix. En algunos modelos, las propiedades físicas del Universo pueden cambiar de un ciclo a otro.[2] Resulta que existimos porque en el ciclo actual las propiedades permiten la formación de estrellas y planetas, y que surja y evolucione la vida.

Menos de dos siglos después de Anaximandro, estas primeras nociones de mundos que nacen y mueren se expandieron enormemente con Empédocles, con los filósofos atomistas Leucipo y Demócrito, y más explícitamente, con Epicuro. Algunas de sus intuiciones fueron visionarias.

Amor y lucha

A medida que seguimos el pensamiento de los presocráticos, vemos un creciente interés en tratar de desarrollar mecanismos naturales que describan no sólo la naturaleza y disposición de los objetos celestes, sino también cómo se organizan las cosas aquí en la Tierra, incluyendo, a partir de Empédocles (*circa* 494 a.C - *circa* 434 a.C), el origen de los seres vivos. Una vez más, la innovación más destacable es la ausencia de intervención divina como principio operativo del orden natural, tanto para la materia viva como para la no viva.

En general, se considera que Empédocles fue el primero en invocar la coexistencia de los cuatro elementos materiales básicos que atribuimos al pensamiento griego: tierra, agua, aire y fuego. Mientras que sus predecesores propusieron una especie de teoría unificada de la materia –un «monismo» basado en una única sustancia material como la fundamental (agua, aire, fuego, el ápeiron)–, Empédocles sugirió que los cuatro elementos coexistían en la esfera cósmica, atraídos y repelidos entre sí por desequilibrios en la cantidad de amor y lucha: demasiado amor atractivo, y la lucha vendría a separar los materiales; demasiada lucha, y «una corriente suave e inmortal de amor intachable» se manifestaría para unir las cosas de nuevo (K&R 331). La existencia es el resultado de un delicado equilibrio entre ambos.

Para Empédocles, el amor y la lucha, la atracción y la repulsión, son las fuerzas que organizan la materia en las formas que vemos. Incluso los seres vivos surgen de partes inconexas de cuerpos juntadas o separadas por la interacción de ambas fuerzas: «Muchas cosas nacieron con caras y pechos a ambos lados, cara de hombre y progenie de buey, mientras que otras nacieron de nuevo con cabeza de buey y descendencia del hombre, criaturas compuestas en parte de macho, en parte de la naturaleza de la hembra, y equipados con partes sombrías» (K&R 337). ¡Qué escena de pesadilla!: trozos de animales juntándose con trozos de humanos para formar criaturas fallidas. Pero identificamos aquí las primeras semillas del pensamiento evolucionista, representando la vida como un experimento de supervivencia de los más aptos: los que tienen las formas adecuadas y el equilibrio adecuado entre el amor y la lucha. Como escribió Aristóteles más tarde, resumiendo el pensamiento de Empédocles: «Dondequiera, entonces, que todo resultó como lo habría hecho si ocurriera con un propósito allí sobreviven las criaturas, siendo compuestas accidentalmente de una manera adecuada» (K&R 337). Obsérvese cómo «compuestas accidentalmente de manera adecuada» reúne las nociones de que las formas de las criaturas vivientes están compuestas al azar y que existe un modo «adecuado» que les permite sobrevivir. Las cosas ya no estaban «llenas de dioses», sino que respondían a tendencias de atracción y repulsión a medida que la materia se organizaba en diferentes formas. Esto era cierto tanto para los mundos como para los animales, un mecanismo unificador que actuaba en todo el cosmos y que transformaba los materiales primigenios en cosas y las cosas en materiales primigenios. Pocas décadas después de Empédocles, el surgimiento de las ideas atomistas radicalizó la ruptura con la intervención divina.

Átomos, el vacío y muchos mundos

La idea de que la esencia de la Naturaleza era el cambio y la transformación no quedó sin respuesta. Muchos pensadores presocráticos se mostraron vehementemente en desacuerdo, sugiriendo en cambio que la verdad se encontraba en lo que no cambiaba, el ser eterno. Esta es la antigua desavenencia del ser frente al devenir: ¿Dónde se esconden los secretos de la Naturaleza? ¿En las innumerables transformaciones que presenciamos o en una realidad profunda, oculta e inmutable? Parménides, que vivió unos cien años después de Tales y Anaximandro, diría que si nos interesa lo que es, no deberíamos fijarnos en lo que cambia; después de todo, si algo cambia, se convierte en lo que no es y, por tanto, no puede ser fundamental. Sugiere además que lo que es no puede ser. ¿Por qué? Porque el proceso de llegar a ser algo es cambio y, por tanto, transformación que conduce a otra identidad. Así, lo fundamental de la realidad es atemporal y no puede subdividirse. Debe estar en todas partes, llenarlo todo y simplemente ser. Parménides razonó que el cosmos debe ser de forma esférica, la más perfecta de las proporciones, carente de tensión en ningún punto. Continuó diciendo que los cambios que percibimos con nuestros sentidos son ilusiones engañosas que nublan nuestro juicio. Después de todo, ¿qué clase de verdad final podemos atribuir a una realidad que puede alterarse bebiendo unos vasos de vino o ingiriendo plantas alucinógenas?

La elección entre ser o devenir fue el reto al que se enfrentaron los filósofos alrededor del 450 a.C. La brillante solución, como suele ocurrir, vio más allá de esta falsa dicotomía. Mejor que elegir entre las dos es combinarlas. Aquí es donde aparecen los primeros atomistas. Aristóteles atribuyó a Leucipo ser el creador de la idea de que todo lo que existe se compone de indivisibles pedacitos llamados átomos. Luego, su alumno Demócrito tomó la idea y la desarrolló. Los átomos no pueden cambiar –son trocitos de ser–, pero pueden combinarse para conformar las formas que vemos en la Naturaleza. Así, el ser se convierte en devenir en un juego cósmico de Legos. De acuerdo, tales átomos están lejos de la perfecta e inmutable esfera del ser que impregna toda la realidad. Pero... ¿de qué otro modo se podría dar sentido a las dos nociones en conflicto dadas las transformaciones que experimentamos a nuestro alrededor? Los atomistas se centraron más en dar sentido a la realidad y menos en cuestiones metafísicas. Como parece que dijo Demócrito: «En realidad no sabemos nada, porque la verdad está en las profundidades». El misterio de la existencia se esconde en lo más profundo del tejido de la realidad.

Si hubo sugerencias tempranas de una pluralidad de mundos en los escritos de Anaximandro, Anaxágoras y Anaxímenes, los atomistas las consolidaron. Según los clasicistas G.S. Kirk y J.E. Raven: «Son los primeros a los que podemos atribuir con absoluta certeza el extraño concepto de mundos innumerables (como opuestos a los estados sucesivos de un organismo continuo)» (K&R 412). Leucipo y Demócrito afirmaban que la realidad consistía en átomos que se mueven en un vacío de extensión infinita (el «todo»). Los propios átomos eran también infinitos en número y en especie. Jugar con la idea de infinito abre todo tipo de posibilidades. Si hay infinitos átomos y crean mundos formando remolinos en los que chocan y se unen unos con otros, entonces también debe haber un número infinito de mundos. Cada mundo está aislado del exterior por «un "manto" o "membrana" circular que se formó al enredarse los átomos enganchados» (Aetius, citado en K&R 410).

Los átomos de los griegos se parecen poco a los átomos modernos, pero la idea de que la materia está hecha de pequeños bloques sigue estando muy presente en la física. Aunque los átomos modernos son divisibles (formados por quarks y electrones «arriba» y «abajo») y no infinito en número (hay noventa y dos átomos naturales y algunos más fabricados artificialmente en laboratorios), la idea de que la materia se compone de partículas elementales –pequeñas e indivisibles– sigue siendo esencial, siendo el concepto motor de la física de partículas de alta energía. Y aunque el mecanismo moderno de formación estelar y planetaria difiere de los átomos arremolinándose en vórtices, sabemos que la coalescencia de la materia mediante una combinación de rotación y atracción gravitatoria forma discos protoplanetarios que se convierten en estrellas y sus planetas en órbita. La intuición de los atomistas fue espectacular.

Aproximadamente un siglo después de Demócrito, Epicuro (341-270 a.C.) llevó la perspectiva atomista a nuevas cotas, sugiriendo que la creación y destrucción de mundos era una consecuencia natural de un cosmos desprovisto de intervención divina. Según Epicuro, los dioses pueden haber existido, pero eran totalmente indiferentes a los asuntos humanos o el funcionamiento de la maquinaria cósmica. Como escribió Mary-Jane Rubenstein en su excelente compendio de ideas sobre el multiverso: «Dado un tiempo infinito, sustancia infinita y espacio infinito, cualquier infinito, cualquier configuración material que pueda surgir, surgirá».[3] Esto incluye nuestro mundo, aunque parezca tan especial y atinado para la vida.

En un cosmos de infinitas posibilidades, cualquier cosa que pueda suceder sucederá.

Sin embargo, la consideración del infinito llevó a Epicuro a una conclusión importante, elaborada en su *Carta a Heródoto*: «Hay un número infinito de mundos, algunos como este mundo, otros diferentes a él».[4] No es la primera vez que la Tierra aparece en la infinitud del tiempo, una idea que aparentemente se hace eco de Demócrito. Pero a diferencia de Demócrito, Epicuro se dio cuenta de que aunque el número de átomos sea infinito, para que *este* mundo nuestro reaparezca, sólo debe haber un *número finito* de tipos de átomos. De lo contrario, si el número de tipos de átomos fuera infinito, ¿por qué habría de aparecer un mundo más de una vez? El gran número de combinaciones y posibilidades haría que la probabilidad de que dos mundos idénticos reaparecieran fuera nula.

Identificamos aquí el germen de lo que más tarde cristalizaría como la revolución copernicana, la noción de que la Tierra no es especial. No sólo fue ensamblada accidentalmente por la coalescencia de átomos, sino que, como resultado, reaparecerá una y otra vez en la infinitud del tiempo, junto con un número infinito de otros mundos, algunos similares al nuestro y otros muy diferentes. El primer excepcionalismo presocrático de nuestro mundo se desvanece en el polvo de la reaparición infinita de la Tierra en el tiempo y la multiplicidad a través del espacio.

Aun así, una diferencia clave entre Epicuro y Copérnico es que para el segundo el cosmos era finito y esférico. Su idea revolucionaria consistía en desplazar la Tierra del centro de la creación, lo que no era un problema para Epicuro, dado que un espacio infinito no puede tener un centro. Para Copérnico, la Tierra era un planeta más que giraba alrededor del Sol. La noción de otros mundos similares a la Tierra estaba lejos de su mente. Para Epicuro, la nuestra era una de tantas Tierras diseminadas por la inmensidad del espacio. Copérnico probablemente se habría resistido a esta idea, dado que creía que sólo había seis planetas en todo el cosmos, todos ellos girando alrededor del Sol. Para ambos, sin embargo, la Tierra había perdido su estatus especial. Ahora debemos invertir esta mentalidad y restaurar el estatus esencial de la Tierra en el Universo. Sólo cuando volvamos a contar la historia de nuestro planeta podremos cambiar la forma en que nos relacionamos con él.

Cosmología de la liberación

El cosmos presocrático no tenía Dios. Esa era su ruptura más esencial con cualquier otra escuela griega. La cosmología de Platón tenía un Demiurgo, un artesano cósmico que moldeaba la materia en las formas que vemos en los cielos, que enmarcaba el orden a partir del caos. El Demiurgo no era un creador todopoderoso, sino que utilizaba la materia existente para crear mundos. La divinidad de Aristóteles tenía una función diferente. Su «Motor Inmóvil» era la Primera Causa, el originador del primer impulso que puso en movimiento el cosmos. Ser la Primera Causa significaba que no podía haber sido causada por nada antes; tenía que ser incausada, una especie de deidad que sólo existía en el tiempo como conocimiento puro, que tenía el poder de convertir su ser intemporal en el movimiento de todo lo demás que existía dentro del cosmos. Para Aristóteles, el cosmos era una enorme máquina de esferas dentro de esferas, una cebolla cósmica, los planetas y otros cuerpos celestes unidos a algunas de ellas, todas girando de diferentes maneras para reproducir los movimientos que vemos en los cielos. Imaginó que este Motor Inmóvil actuaba desde fuera hacia dentro, con el impulso inicial procedente de lo que más tarde se conocería como el Primum Mobile, la primera esfera de movimiento, el límite exterior del cosmos físico que Dante situó como el noveno cielo en su *Divina Comedia*. Fuera de ella sólo quedaba el Empíreo, la décima esfera, el reino de Dios y de los elegidos.

Los atomistas no querían saber nada de esto. La noción de un creador divino implica jerarquía y sumisión a un poder sobrenatural. Para los atomistas, aquí es donde se originan el miedo supersticioso y la esclavitud al ritual, menospreciando a la humanidad y limitando su libertad.

Además, en contra de la evidencia directa, implica que los dioses realmente se preocupan por los asuntos humanos, mientras que en realidad parecen ser totalmente indiferentes dada la cantidad de conflictos y sufrimiento en nuestro mundo. Además, argumentaban, si un dios creó nuestro mundo como morada para la humanidad, ¿por qué tantas regiones nos son inhóspitas? Seguramente no habría tantos desiertos y paisajes helados. Como sostenía el poeta romano Lucrecio (c. 94-55 a.C.) en *La naturaleza de las cosas*, el poema épico que dio voz renovada a la cosmovisión atomista, si el mundo hubiera sido creado para la humanidad, la Naturaleza no estaría en permanente estado de guerra contra nosotros:

> ¿Cuál es la razón por la que la Naturaleza se multiplica y alimenta a los enemigos del hombre en la tierra y en el mar a razas de irritables bestias salvajes? ¿Cómo es que las enfermedades abundan con el cambio de estación? ¿Por qué la muerte intempestiva?.[5]

Sólo dioses crueles podrían haber hecho tal cosa. ¿Y para qué? ¿Para divertirse a nuestra costa? ¿Para ver nuestro sufrimiento injusto como una especie de deporte sangriento? Los atomistas afirmaban que la creencia en un poder sobrenatural obstaculiza nuestra libertad para llegar a ser completos y asumir la responsabilidad de nuestras vidas. Ser libre significaba estar libre del miedo a Dios. Para ellos, no había dioses de ningún tipo, y, si los había, nos eran inaccesibles e indiferentes a nuestra difícil situación.

En 1629, Rembrandt pintó un autorretrato, *El joven Rembrandt como Demócrito, el filósofo sonriente*, un raro caso en el que Rembrandt, habitualmente sombrío, se representó a sí mismo sonriendo. Demócrito era conocido como el «filósofo risueño», libre como estaba de la creencia en lo sobrenatural y atento a lo que de verdad importaba: los mecanismos del mundo y la búsqueda del autoconocimiento humano. Nada de lo que existía en la Naturaleza era eterno, ni aquí ni en ningún otro lugar del cosmos. La naturaleza de las cosas de Lucrecio es una elocuente encarnación de la visión del mundo de los atomistas, clarividente e inspiradora, un importante motor del Renacimiento, como propuso Stephen Greenblatt en su libro *The Swerve: How the World Became Modern*,[6] ganador del Premio Pulitzer en 2011. Adoptando la visión de Anaximandro sobre los comienzos y los finales «según la evaluación del tiempo», Lucrecio continúa argumentando que tan cierto como que la danza continua de la vida y la muerte recicla la materia que conforma nuestro entorno, los mundos distantes en los cielos nacen y se destruyen:

> Los elementos que vemos constituyen la Suma de las Cosas, ya que están hechos de sustancia que nace y que debe morir, debemos concluir que la naturaleza del mundo entero es la misma.

* * *

> Así, cuando veo que incluso los principales miembros del mundo se consumen y nacen de nuevo, entonces la tierra y los cielos, debe asumirse, también cumplen años, y en tiempos venideros están condenados.[7]

Según esta cosmovisión, los dioses no interfieren en el proceso de creación y destrucción de las cosas materiales en la tierra o en los cielos. Los ciclos de agregación y dispersión de la materia siguen ritmos naturales; los átomos se unen para formar nuevos objetos y mundos, sólo para separarse y reciclarse en nuevos objetos y mundos en la eternidad del tiempo. La Tierra también cumplió años y, «en el tiempo venidero», estará «condenada». En la danza eterna de la existencia, los átomos que forman nuestro mundo, así como todo lo que existe en él –rocas, ranas, mariposas, nubes, tú– se incrustarán en otros mundos y en las cosas de otros mundos.

Llevamos la materia del cosmos en nosotros. Somos la materia del cosmos. Y mientras estemos vivos –y sólo mientras estemos vivos– nosotros lo sabemos. Podemos ver por qué Demócrito y Lucrecio hicieron sonreír a Rembrandt.

Los estoicos y el multiverso

El atomista Epicuro tenía un enemigo, el filósofo estoico Zenón de Citio. Aunque ambos estaban de acuerdo en que sólo a través del cultivo de la comprensión de la Naturaleza se podía alcanzar un estado de «tranquila imperturbabilidad y la vivencia de la vida simple»,[8] discrepaban vehementemente en casi todo lo demás, desde la constitución de la materia hasta la existencia de otros mundos. Si para

Epicuro la materia podía dividirse hasta llegar a pequeños átomos indivisibles, para Zenón era un continuo, es decir, no podía dividirse hasta el infinito. El espacio tampoco era un vacío donde se movían los átomos, sino que, como Aristóteles, estaba lleno de una sustancia primigenia, una especie de éter ardiente que cambiaba de intensidad según su densidad. Este fuego primigenio era la herramienta que una inteligencia divina, un dios-arquitecto, utilizaba para modelar el mundo. Si para Epicuro existía una infinidad de mundos que surgían y perecían por la constante unión y disolución de los átomos, para Zenón la Tierra era el único mundo del cosmos, un mundo con ciclos repetitivos de existencia. Zenón creía que nuestro mundo terminaría cuando el Sol consumiera el cosmos en llamas, una muerte por el fuego. Pero entonces, cual ave fénix, de las cenizas de un mundo consumido surgiría un nuevo cosmos, junto con una nueva Tierra, sólo para perecer de nuevo a su debido tiempo, en un ciclo eterno de creación y destrucción.

Este proceso, llamado *ekpyrosis* («fuera del fuego»), recuerda no sólo a Empédocles y sus ciclos de creación y destrucción de la tensión entre el amor y la lucha, sino que, aventurándonos más a Oriente, a la creación y destrucción rítmicas del Universo a través de la coreografía cosmogónica de Shiva. En contraste con la coexistencia atomística de muchos mundos que nacen y se destruyen en el espacio infinito –un multiverso en el espacio–, introduce otra idea: la creación y destrucción de un *mismo* universo en un tiempo infinito, un multiverso en el tiempo.

Ambos tipos de multiversos reaparecieron en la cosmología de finales del siglo XX, vestidos con el lenguaje matemático de la teoría general de la relatividad de Einstein, a partir de los esfuerzos de incluir a las cuatro fuerzas conocidas de la Naturaleza en un marco unificado, la llamada teoría del campo unificado. Consideramos ahora modelos de multiversos en el espacio, derivados de un paisaje de la teoría de cuerdas, y multiversos en el tiempo, derivados de modelos llamados modelos cosmológicos de rebote. Hay mucho que desentrañar aquí, así que vayamos por partes.

¿Qué es un campo?

Los campos son la savia de la física fundamental. En lenguaje filosófico, los campos son el sustrato ontológico de la realidad, lo que lo compone todo. Para hacernos una idea, pensemos en un imán de nevera. Al acercarlo a la puerta del frigorífico, el imán es atraído hacia la puerta, incluso sin tocarla. Cuanto más cerca esté el imán del frigorífico, mayor será la atracción entre ambos. ¿A qué se debe? Un campo es la manifestación en el espacio de una perturbación física. Al igual que el fuego es la fuente del calor que sentimos a su alrededor, todo campo tiene una fuente. En el caso del imán de la nevera, el material magnético genera un «campo magnético» que se extiende al espacio que lo rodea. Un trozo de hierro colocado cerca de él responderá al campo magnético siendo atraído o repelido por este. Un campo es como una presencia fantasmal que se origina en una fuente y se extiende al espacio que la rodea. Su intensidad disminuye con la distancia, y la proporción exacta depende del tipo de campo y del tipo de fuente. El Sol atrae a los planetas, y los planetas atraen al Sol a través de sus campos gravitatorios. Cualquier objeto con masa en el Universo atrae a todo lo demás a través de la gravedad, como propuso Isaac Newton en 1687. La gravedad actúa en todas partes. Da forma a los sistemas solares y a las galaxias. Conecta todo el cosmos, controlando la expansión del Universo. La gravedad newtoniana unificó la física terrestre y la celeste, demostrando que obedecen a las mismas leyes. Si nuestros cuerpos no pueden alcanzar las estrellas o los átomos, nuestras mentes sí. Este es, quizás, el aspecto más maravilloso de la ciencia: acercarnos a lo inalcanzable.

La Tierra te atrae hacia abajo. Y también te atraen la Luna, el Sol, este libro y todos los objetos de tu entorno, la galaxia de Andrómeda y un cuásar a miles de millones de años luz. Y los atraes de vuelta. «Cuando intentamos distinguir algo por sí mismo, lo encontramos enganchado a todo lo demás en el Universo», escribió el naturalista John Muir en *My First Summer in the Sierra*.[9] La gravedad encarna la profunda interconexión entre todas las cosas, los brazos invisibles que te abrazan a ti, a nuestro mundo, al Universo.

Einstein era heredero de Pitágoras y Platón. Creía que la geometría era el lenguaje de la Naturaleza y que esta era fundamentalmente racional. Creía con firmeza que la mente humana podía, a través de raros estallidos de creatividad, vislumbrar algo de este orden subyacente. La teoría de la gravedad de Newton era eficaz pero misteriosa: la gravedad actuaba a distancia en el espacio vacío. ¿Cómo podía el Sol dictar las órbitas de los planetas desde tan lejos? ¿Qué tenía la masa que creaba tal atracción? Newton no quiso especular: «No finjo hipótesis», escribió. Alquimista y cristiano devoto, aplazó la fuente de esta atracción a poderes más allá de lo material: «Este elegantísimo sistema de Sol, los planetas y los cometas no podría haber surgido sin el diseño y el dominio de un ser inteligente y poderoso».[10] Para Newton, la naturaleza de la gravedad estaba inextricablemente entrelazada con la presencia de Dios en el cosmos.

Einstein lo retomó donde lo había dejado Newton, proponiendo una explicación muy racional (y hermosa), aunque misteriosa: un objeto con masa crea un campo gravitatorio que curva el espacio a su alrededor. La masa es la fuente de este campo. Cuanto más grande es el objeto, más se deforma el espacio a su alrededor. En la teoría de Einstein, lo que Newton llamaba fuerza gravitatoria era simplemente movimiento sobre un espacio doblado. Como un niño que baja por un tobogán, las órbitas planetarias son las trayectorias más eficientes energéticamente alrededor del Sol (estas trayectorias se denominan geodésicas). La atracción gravitatoria resulta de la curvatura local del espacio alrededor de un objeto con masa. Es una manifestación del campo gravitatorio.

¿Qué es una teoría del campo unificado?

Aparte de la gravedad, actualmente conocemos otras tres fuerzas que llamamos fundamentales. El electromagnetismo es la más conocida, ya que es una manifestación conjunta de la electricidad y el magnetismo en movimiento. Experimentamos la electricidad de muchas maneras, por ejemplo, cuando vemos caer un rayo o recibimos una descarga al tocar el pomo de una puerta metálica en un día seco de invierno. Y también estamos familiarizados con los imanes. Sabemos que un imán crea un campo magnético a su alrededor, como el imán de la nevera. Pero si ahora movemos este imán, ocurre algo maravilloso: un imán en movimiento crea un campo eléctrico a su alrededor. A su vez, los campos eléctricos hacen que las cargas eléctricas se muevan, creando corrientes eléctricas. Por eso, las presas hidroeléctricas utilizan imanes giratorios para generar electricidad. Del mismo modo, en una espectacular hazaña de complementariedad, una carga eléctrica crea un campo eléctrico a su alrededor. Y una carga eléctrica en movimiento (acelerando en línea recta o siguiendo una trayectoria curva, o tal vez oscilando) crea un campo magnético. El movimiento unifica la electricidad y el magnetismo en electromagnetismo. Entonces se produce la magia. A medida que la carga eléctrica oscila –pensemos en un corcho que se balancea en una cuba de agua–, sus campos eléctrico y mágico cambian, su campo electromagnético cambia, y se propaga hacia fuera como ondas, como las ondas de agua del corcho oscilante. ¿Cuál es la magia? Este campo electromagnético ondulante se propaga a la velocidad de la luz. *Es* luz. La llamamos radiación electromagnética porque la luz es sólo la pequeña parte de la radiación electromagnética que los ojos humanos pueden ver: la radiación electromagnética visible. La luz es un campo electromagnético oscilante que se propaga en el espacio. En el espacio vacío, la luz viaja a 300.000 kilómetros por segundo. Si parpadeas, la luz da siete vueltas y media alrededor de la Tierra. Hasta donde sabemos, nada en el Universo puede moverse más rápido. Dondequiera que haya luz, hay cargas eléctricas danzando. Mientras la luz rebota en el espacio, reflejada, refractada, difractada, captamos parte de esta danza con nuestros ojos. Y lo que nuestros ojos no pueden ver, nuestros instrumentos, sí. El mundo se ilumina. Nuestra narraciones de la realidad son los cuentos que esta luz danzante cuenta a través del espacio y el tiempo, reflejándose en el rostro de alguien a quien amamos, refractada por una gota de rocío en un pétalo de rosa, brillando furiosamente desde estrellas ardientes.

Las dos últimas fuerzas fundamentales son menos llamativas, aunque igualmente esenciales: las fuerzas nucleares fuerte y débil. Actúan en los ámbitos nuclear y subnuclear, en las profundidades de los átomos que componen la materia. La fuerza fuerte es el escultor silencioso de las profundidades, responsable de mantener unidos los núcleos atómicos y de conservar los quarks dentro de los protones y neutrones. Sin ella, no habría átomos, ni materia, ni nosotros. La fuerza débil es la proveedora del cambio en el reino de las partículas elementales, responsable de la radiactividad y la desintegración radiactiva, a menudo presente cuando se produce algún tipo de transmutación en las profundidades del núcleo atómico. La fuerza débil transforma protones en neutrones (más exactamente, quarks ascendentes en quarks descendentes). Y esta es sólo una de sus virtudes. Las estrellas como nuestro Sol son gigantescas máquinas de fusión nuclear, alquimistas cósmicos que transforman el hidrógeno en helio durante miles de millones de años. A medida que el furioso proceso consume las entrañas de la estrella, la fuerza débil se encarga de liberar la energía que calienta nuestros rostros, impulsa el clima y alimenta nuestros paneles solares. Mediante la orquestación de la fuerza débil, la fusión nuclear estelar libera billones y billones de partículas fantasmales conocidas como neutrinos, capaces de atravesar planetas enteros sin detenerse. Ahora mismo, mientras lees esto, billones de neutrinos originados en el núcleo del Sol están atravesando tu cuerpo, cada segundo. Un puente invisible de neutrinos nos une al corazón del Sol. «Lo esencial es invisible a los ojos», decía el zorro al Principito en la fábula de Antoine de Saint-Exupéry. Como ocurre con el amor y la amistad, hay capas de la realidad que se nos escapan, invisibles a los ojos pero igualmente esenciales para nuestra existencia.

El proyecto de unificación se basa en la creencia de que estas cuatro fuerzas –estos cuatro campos– son manifestaciones de una fuerza única, el campo unificado. Miramos la realidad con ojos miopes, y es esta miopía la que nos impide ver la unidad de los cuatro campos en toda su grandeza. Si tan sólo pudiéramos mirar en las profundidades, veríamos el mundo de nuevo, unificado y entero, la realidad expresada como una obra maestra matemática codificada en lenguaje geométrico.

Parece una oración, una devoción inspirada en Platón a un dios geómetra. Al principio de mi carrera fui un devoto seguidor de esta visión del mundo, pero con el tiempo experimenté con la investigación en diversos temas de la física teórica y mi visión del mundo fue cambiando gradualmente. Aunque reconozco el atractivo estético de esa cosmovisión y su honorable linaje intelectual desde Pitágoras a Einstein, también reconozco su inconsistencia fundamental con el funcionamiento real de la ciencia. Resumí mi posición hace más de una década en un libro que critica la creencia en una unificación final de las fuerzas de la Naturaleza –*A Tear at the Edge of Creation*–[11] y ofrecía argumentos que no son fundamentales para lo que nos ocupa aquí. Lo fundamental es la imposibilidad conceptual de llevar a cabo tal búsqueda y, lo que es más importante, su conexión con una visión del mundo que amplifica el principio copernicano a escalas cosmológicas, bajo la guisa del concepto moderno de multiverso. Abordemos cada uno de estos dos puntos.

Por qué el concepto de unificación final es incoherente con la metodología científica

Hay muchas razones que explican la imposibilidad de una unificación final. Una obvia que se suele ignorar es que no podemos estar seguros de que sólo existan cuatro fuerzas fundamentales de la Naturaleza. ¿Qué pasaría si un nuevo instrumento revelara pruebas de la existencia de una quinta? ¿O de una sexta? Habría que incluirlas en esta teoría unificada. La cuestión es que las afirmaciones sobre la finalidad del conocimiento son erróneas, más producto de la arrogancia que de la coherencia lógica. Lo que vemos del mundo depende de los instrumentos que utilizamos para amplificar las partes de la realidad a las que podemos llegar. Si no podemos verlo todo, no podemos saberlo todo. Y no podemos verlo todo. La omnisciencia es cosa de dioses no de humanos. En cambio, deberíamos celebrar nuestros notables logros sin intentar transformar la ciencia en el oráculo de las verdades definitivas sobre la realidad.

La ciencia es una construcción humana, una narración autocorrectiva y continua del mundo. Esta búsqueda no tiene fin, dado que los nuevos descubrimientos suelen venir acompañados de nuevos conjuntos de preguntas, antes desconocidas, que describí mediante una metáfora en *The Island of Knowledge*:[12] si lo que sabemos cabe en una isla, la isla del conocimiento crece a medida que aprendemos más. Pero la isla está rodeada por el océano de lo desconocido, el reino de lo aún no descubierto. A medida que la isla crece, también lo hace su periferia, la frontera entre lo conocido y lo desconocido. El conocimiento genera desconocimiento. Los descubrimientos generan nuevas preguntas. Mientras sigamos explorando y haciendo preguntas, el océano de lo desconocido crecerá. Ergo, no puede haber una teoría unificada final, aunque su alcance esté limitado a las interacciones de las partículas elementales de la materia. A lo más que podemos aspirar es a construir (temporalmente) con éxito modelos de lo que conocemos de la realidad física. Los indicios de unificación deben considerarse resultados parciales dado lo que no sabemos ni podemos saber.[13]

El crecimiento del copernicanismo y los límites del conocimiento científico

Los párrafos anteriores preparan el terreno para lo que sigue, ya que la mayoría de los modelos actuales de multiversos se derivan de intentos de unificar las cuatro fuerzas de la Naturaleza. Al contrario que sus antecedentes griegos, se basan firmemente en el razonamiento científico moderno. Son del todo hipotéticos, pero las hipótesis que conducen a la noción de multiverso se basan en extrapolaciones de dos teorías hoy probadas: el modelo estándar de la física de partículas, que describe impresionantemente bien nuestro conocimiento experimental de cómo interactúan las partículas elementales de la materia hasta las altísimas energías alcanzadas en el colisionador gigante de partículas del CERN, el laboratorio europeo de física de altas energías cerca de Ginebra (Suiza), y el modelo estándar de la cosmología, que describe muy bien cómo nuestro Universo en expansión surgió de una sopa primordial caliente y densa de partículas elementales hace 13.800 millones de años y se pobló de galaxias y estrellas.

Obsérvense las palabras «estándar» y «modelo» en ambas. Las dos teorías son nuestros «estándares» actuales de lo que sabemos de física de partículas y cosmología. Están abiertas a modificaciones, y los físicos las esperamos con interés, ya que apuntan hacia nuevos descubrimientos científicos. También son «modelos», es decir, descripciones incompletas de la realidad física, simplificaciones que construimos para codificar lo que sabemos. Los modelos científicos son mapas del mundo natural, no el mundo mismo. Sustituir la realidad por mapas no es solo conceptualmente erróneo, sino potencialmente peligroso, como he explorado con mis colegas Adam Frank y Evan Thompson en *The Blind Spot: Why Science Cannot Ignore Human* Experience,[14] y que retomaré más adelante en el contexto de la vida extraterrestre y la búsqueda de planetas similares a la Tierra. El filósofo de la ciencia Edmund Husserl denominó «sustitución subrepticia» a la identificación del mapa con el territorio, a confundir un modelo del mundo con el mundo mismo. Por ejemplo, los campos que hemos descrito anteriormente representan cómo los humanos modelamos lo que podemos observar y medir de los efectos de atracción y repulsión entre objetos. La cuestión de si los campos «existen» nos remite a la naturaleza de la realidad física, y es complicada. Muchos físicos dirían: «Claro que existen los campos. Los medimos con nuestros instrumentos». Pero los campos no son las mediciones, son la interpretación que damos a los datos que podemos recoger con nuestras máquinas. Se trata de una distinción muy importante.

Medimos fenómenos en la Naturaleza y construimos modelos para describir lo que medimos. De vez en cuando, tenemos que cambiar nuestros modelos para incluir nuevos resultados experimentales y observaciones. La nueva ciencia se construye a partir del fracaso de la antigua. Pero cuando los nuevos resultados experimentales tardan demasiado, los físicos teóricos toman la delantera y extrapolan los modelos actuales incluso antes de que los resultados los contradigan. Saben que los modelos actuales son incompletos (¡siempre!) y quieren ampliarlos para abarcar la nueva física. Así es como debe ser, siempre que las extrapolaciones se reconozcan como tales, es decir, siempre que los físicos no pierdan de vista de dónde proceden sus hipótesis: no de la certeza, sino de extrapolaciones inciertas y no probadas. Las extrapolaciones son mapas de territorios desconocidos. Y sabemos que los mapas de territorios desconocidos deben utilizarse con mucho cuidado, o nos perderemos. Por desgracia, a menudo no es así, y las ideas especulativas adquieren el estatus de ser tan convincentes como para ser inevitablemente correctas. Esto es problemático porque elude la metodología científica de validación empírica y ofrece al público la ilusión de que sabemos mucho más de lo que sabemos. Especulemos pero con cuidado y humildad. Los científicos no deben vender mapas del mundo diciendo a la gente cómo ir del punto A al punto B si ni siquiera saben si el punto B existe.

El éxito actual de nuestros dos modelos estándar (partículas y cosmos), unido a sus limitaciones, ha inspirado con razón una enorme industria de extrapolación de lo que les ocurre a energías extremadamente altas cerca del Big Bang, el acontecimiento que marcó el inicio del tiempo. Queremos saber cómo interactúan las partículas de materia a energías extremadamente altas y las propiedades del Universo cerca del Big Bang, pero carecemos de las herramientas exploratorias para sondear estos ámbitos. ¿Qué podemos hacer?

Este es el dilema de la extrapolación: sólo podemos colmar las lagunas de nuestro conocimiento actual con nuestros conocimientos actuales. El filósofo francés del siglo XVII Bernard le Bovier de Fontenelle consideraba que el conflicto entre curiosidad y miopía era la esencia de la filosofía (o de cualquier búsqueda del conocimiento, incluida la ciencia): sólo sabemos lo que sabemos, pero queremos saber más de lo que sabemos. Así que seguimos adelante por territorios desconocidos.

En 1543, Copérnico postuló que el Sol, y no la Tierra, era el centro del cosmos (véase el capítulo 1). Ya lo había sugerido en un documento anterior de 1510 que circuló entre los expertos. Este reordenamiento del sistema solar degradó a la Tierra de su presunta centralidad, convirtiéndola correctamente en otro planeta en órbita alrededor del Sol. Después de que Kepler, Galileo, Descartes y Newton cimentaran esta idea como la arquitectura adecuada del sistema solar, el cosmos accesible creció en tamaño a medida que telescopios cada vez más potentes permitieron una visión más clara de los cielos. Se descubrieron más planetas (Urano en 1781 y Neptuno en 1846), así como más lunas alrededor de estos mundos. El copernicanismo se convirtió en la noción de que la Tierra es sólo otro mundo, no central o esencial en modo alguno para la maquinaria cósmica. Podía existir o no, como Júpiter podía existir o no. La Tierra y, por extensión, sus habitantes no eran especiales en modo alguno. La ciencia mecanicista de los siglos XVIII y XIX describía nuestro planeta como una pequeña mancha en la inmensidad del espacio, irrelevante en el gran esquema de las cosas. Esta visión del mundo inspiró la Ilustración, dado que este movimiento del siglo XVIII predicaba la razón por encima de todo como el camino hacia la libertad individual y la sociedad de la monarquía y el dogmatismo político y religioso. Puesto que la razón humana determinó con tanto éxito el lugar de la Tierra en el cosmos y las leyes de la Naturaleza, ganó credibilidad en todas las esferas del quehacer humano convirtiéndose en la brújula moral que guía el progreso de la humanidad.

Poco a poco, y sobre todo a raíz de la Ilustración, se fue atribuyendo valor más amplio a nuestra insignificante posición en los cielos, y el copernicanismo se convirtió en algo más que un simple reordenamiento del sistema solar. Se convirtió en una declaración sobre la mediocridad de nuestro planeta. El brillante cuento satírico de Voltaire *Micromégas*, de mediados del siglo XVIII, resume bien esta visión, explorando, entre otros temas, la pequeñez y trivialidad de la Tierra y la humanidad frente a dos extraterrestres, uno de Saturno y el otro de un planeta que orbita alrededor de la estrella Sirio

(Micromégas).[15] Esta cosmovisión no se ocupaba de la espectacular confluencia de propiedades físicas, bioquímicas y geológicas que conspiraron para generar la asombrosa biosfera de la Tierra. No se preocupó del mundo natural y la vida en él, salvo como objeto de estudio racional. Dejó de lado con indiferencia y arrogancia las culturas indígenas y su sabiduría, tachando su profunda conexión con la tierra de primitiva e incivilizada. A medida que la cultura occidental se distanciaba de una conexión espiritual con el planeta, la maquinaria de la industrialización tomó el mundo como una posesión de la humanidad, algo que podíamos explotar impunemente para nuestro propio beneficio material. Desvinculadas de la Naturaleza, las fuerzas mecanicistas del mercado se lanzaron a alimentar el progreso a partir de las entrañas de la Tierra –el petróleo, el gas, el carbón– sin pararse nunca a considerar las consecuencias de esta destrucción desenfrenada del entorno natural. Las ciudades, el sistema de transporte global, los bienes que poseemos: el mundo de la modernidad se erigió a partir de los restos degradados de la vida enterrada durante millones de años bajo nuestros pies.

Durante los últimos siglos, el copernicanismo pasó de ser un hecho astronómico sobre nuestro sistema solar a convertirse en una visión del mundo según la cual cuanto más aprendemos sobre el Universo, menos importantes nos volvemos. El Sol es sólo una estrella ordinaria situada a unos veintisiete mil años luz del centro de nuestra galaxia, la Vía Láctea, y esta cuenta con entre cien mil y cuatrocientos mil millones de estrellas, la mayoría de ellas con planetas en órbita. Aunque no podemos precisar el número, podemos estimar con cierto nivel de confianza que, entre planetas y sus lunas, debería haber más de un billón de mundos diferentes sólo en nuestra galaxia.

Detengámonos un segundo a pensar en la enormidad de esta cifra.

Un billón de mundos, cada uno diferente, cada uno con su propia historia, su propia composición química, sus propias propiedades geofísicas y orbitales. La *planetología comparativa* es una metodología emergente que nos ayuda a dar sentido a esta vasta diversidad de mundos agrupándolos en diferentes categorías. ¿Qué mundos son rocosos como la Tierra y Marte, y cuáles son gaseosos como Júpiter y Neptuno? ¿Cuáles son sus masas y composiciones químicas? ¿Cuáles son sus tamaños y a qué distancia orbitan alrededor de su estrella madre? ¿Tienen montañas, lagos, océanos? ¿Podrían albergar seres vivos de algún tipo? Y si es así, ¿cómo podríamos saberlo?

Abordaremos estas cuestiones en detalle, pero por ahora exploraremos el crecimiento del copernicanismo desde nuestro sistema solar hacia distancias cósmicas cada vez mayores. En 1924, el astrónomo estadounidense Edwin Hubble demostró que la Vía Láctea no es más que una entre miles de millones de galaxias del Universo. En 1929, demostró que estas galaxias se alejan unas de otras, un descubrimiento que ahora llamamos la expansión del Universo. Como suele ocurrir en la historia de la ciencia, estos extraordinarios descubrimientos se deben en gran medida a un poderoso instrumento, el reflector de cien pulgadas en la cima del monte Wilson, a las afueras de Los Ángeles. Dotado de plasticidad, el espacio se extiende y arrastra galaxias, como corchos flotando en un río. Esta deriva cósmica puede continuar para siempre, ya que las galaxias se alejan cada vez más mientras sus estrellas agotan su combustible y se desvanecen gradualmente; o puede invertirse, convirtiendo la expansión cósmica en contracción cósmica. Detrás de las ecuaciones que describen la dinámica cósmica, podemos oír ecos del antiguo mito hindú del dios danzante Shiva, que crea y destruye el cosmos en ciclos interminables.

No podemos saber con certeza el destino lejano del Universo. Por extraño que le parezca a muchos, y a pesar de las numerosas afirmaciones en sentido contrario, el destino del Universo es incognoscible. Llegados a este punto, merece la pena detenernos brevemente en este tema, centrándonos en lo que nos dice sobre el poder y las limitaciones de la empresa científica.

Para predecir con seguridad el futuro lejano del Universo necesitaríamos saber dos cosas que no podemos saber. En primer lugar, las propiedades a largo plazo de todo lo que existe en el Universo. Actualmente, creemos que hay dos contribuyentes principales que llenan el vacío del espacio, aparte de la materia ordinaria que nos constituye y las estrellas, las rocas, las nubes de Júpiter y las partículas elementales más exóticas catalogadas en el modelo estándar de la física de alta energía. Denominadas materia oscura y energía oscura, su naturaleza y composición material siguen siendo desconocidas a pesar de décadas de intensa búsqueda experimental y trabajos teóricos. El «oscura» de sus nombres designa su propiedad de no emitir ningún tipo de luz visible o radiación electromagnética invisible. Sabemos que la materia oscura y la energía oscura existen porque sus fuerzas gravitatorias actúan sobre las cosas brillantes que podemos ver. La materia oscura actúa sobre las galaxias y cúmulos de galaxias, y la energía oscura actúa sobre el Universo en su conjunto, afectando a la forma en que se expande. Lo alucinante es que la materia ordinaria contribuye sólo con el cinco por ciento de lo que hay ahí fuera, mientras que la materia oscura y la energía oscura constituyen el noventa y cinco por ciento restante.

Esperamos aprender mucho más sobre ellas en las próximas décadas, incluso qué es la materia oscura (puede ser más que una cosa, como enjambres de partículas exóticas o, por el contrario, partículas reunidas en bolas grumosas: mi opción favorita desde que contribuí al descubrimiento teórico de una de las candidatas actuales, los llamados oscilones) y si es estable, es decir, si sobrevive eones de tiempo sin descomponerse en otra cosa.[16] También esperamos saber más sobre la energía oscura en un plazo similar, a medida que nuevos y potentes telescopios empiecen a cartografiar cómo ha evolucionado a lo largo de miles de millones de años de historia cósmica, midiendo si ha cambiado con el tiempo o si ha permanecido esencialmente sin cambiar a lo largo de los eones.

Espero ser testigo de ese progreso. Aun así, aunque descubramos la naturaleza de la materia oscura y la energía oscura, hacer una predicción a muy largo plazo sobre su comportamiento es muy difícil, ya que requiere muy buenas estadísticas de lo que estamos observando (enjambres o bolas grumosas, y su vida media) y la capacidad de observar su comportamiento durante períodos de tiempo arbitrariamente largos. En términos simplistas, para saber que algo vivirá por siempre, es necesario vivir por siempre también. La inferencia estadística es una herramienta muy poderosa, pero no deja de ser estadística. Nunca podemos estar seguros de qué historia concreta se desarrollará, sólo de cuáles serían las historias posibles. Las probabilidades cuentan muchas historias, algunas más ordinarias y otras más raras. No podemos saber con certeza cómo acabará la historia de nuestro Universo. Lo que podemos hacer es extrapolar a partir de los conocimientos actuales sin ninguna garantía de certeza absoluta.[17] Esta actitud requiere lo que en filosofía se conoce como humildad epistémica, es decir, aceptar las limitaciones de lo que sabemos y podemos saber. La humildad epistémica no debe confundirse con el nihilismo epistémico, que afirma que no sabemos nada, lo cual es una tontería.

La segunda limitación a nuestra capacidad de predecir el destino a largo plazo del Universo está relacionada con la instrumentación, las herramientas que utilizamos para hacer mediciones y que determinan lo que podemos concluir de esas mediciones. Como escribió en una ocasión el físico alemán Werner Heisenberg, famoso por el principio de incertidumbre: «Lo que observamos no es la Naturaleza en sí misma, sino la Naturaleza expuesta a nuestro método de cuestionamiento».[18]

Toda la información que obtenemos del mundo natural se filtra a través de nuestros sentidos. Experimentamos la realidad antes de poder medirla, y esta experiencia depende de manera fundamental de la maquinaria sensorial propia del animal humano. Lo que podemos percibir directamente de la realidad no es más que una pequeña porción de lo que hay ahí fuera. Presencias invisibles nos rodean. Y no me refiero a fantasmas o espíritus, sino a innumerables tipos de ondas electromagnéticas que no podemos ver, de sonidos que no oímos, de objetos demasiado pequeños o lejanos para que nuestros sentidos puedan captarlos, como los rayos cósmicos y los neutrinos solares que atraviesan nuestro cuerpo. Nuestros instrumentos son *amplificadores de la realidad*, herramientas que detectan, magnifican y traducen los fenómenos naturales en formas que podemos captar con nuestros sentidos. No vemos electrones ni radiación ultravioleta, pero sí indicadores, pantallas en color y luces parpadeantes, oímos señales y zumbidos, y olemos, tocamos y saboreamos.

La innovación tecnológica va de la mano de esta amplificación de la realidad física. Basta pensar que lo que Galileo podía observar con su telescopio –un instrumento que cambió nuestra visión del mundo para siempre– hoy en día lo podemos ver fácilmente con un par de prismáticos de buena calidad. Nuestros detectores de partículas pueden detectar colisiones entre partículas elementales de materia, permitiéndonos sumergirnos en la realidad de la física subnuclear. Nuestros telescopios gigantes nos permiten observar galaxias nacientes a miles de millones de años luz de distancia, y los detectores de ondas gravitacionales nos permiten captar las diminutas vibraciones del tejido mismo del espacio procedentes de agujeros negros que colisionan a enormes distancias astronómicas.

Construimos nuestros mapas de la realidad a partir de los fragmentos del mundo que podemos captar con nuestros instrumentos. A medida que nuestros instrumentos mejoran, también lo hacen nuestros mapas.

Pero como advertía el escritor argentino Jorge Luis Borges en su magistral cuento de un párrafo sobre la exactitud en la ciencia, ningún mapa puede ser una representación perfecta del territorio a menos que sea tan grande y detallado como el propio territorio.[19] ¿Y de qué nos serviría un mapa así? El poder de la ciencia no está en representar la Naturaleza tal y como es –que de todos modos considero imposible–, sino en describir la Naturaleza tal y como la experimentamos. No debemos olvidar que todo instrumento de medición o detector tiene un límite de precisión, un rango, una resolución finita. Nosotros sólo vemos el mundo que nuestros instrumentos nos permiten ver. De ello se desprende que, aunque extrapolemos a un futuro de grandes innovaciones tecnológicas e inventiva tecnológica, siempre habrá aspectos del mundo que se nos escaparán. El futuro lejano del Universo está fuera de nuestro alcance, una humilde e inevitable consecuencia del funcionamiento de la ciencia. Sólo nuestra imaginación puede llegar hasta allí.

Más allá del destino a largo plazo del Universo se encuentra el multiverso, la máxima expresión del copernicanismo. Con el multiverso, ni siquiera nuestro Universo es especial, es sólo uno entre una gran variedad de otros. Pero antes de entrar en una depresión nihilista de proporciones cósmicas, debemos investigar las ideas modernas del multiverso y hasta qué punto deberíamos considerarlas una seria amenaza para nuestra posición cósmica.

El multiverso como dios de las lagunas para la física

Hemos visto que la idea del multiverso no es nueva, estaba ya presente en los pensamientos de los filósofos griegos que vivieron hace más de dos mil años. Atomistas y estoicos discutían si una multitud de mundos emergía y colapsaba continuamente en la vasta extensión del espacio o si el nuestro es el único mundo, que experimenta su propia creación y destrucción en la vasta extensión del tiempo. Como hemos señalado, ambos escenarios han regresado en el marco de la cosmología moderna. Aunque hay diferentes formas de incentivar la noción del multiverso en la cosmología moderna, todas ellas dependen de extrapolaciones de la física actual a un reino muy cercano al Big Bang y, por tanto, muy remoto para lo que podemos probar experimentalmente.

En las teorías de cuerdas, el multiverso surge como una forma de paisaje de universos posibles, con una «u» minúscula ya que estos universos no son nuestro Universo. Según la teoría de cuerdas, el espacio tiene más que las tres dimensiones que observamos, y estas dimensiones extra pueden doblarse, plegarse y tener topologías complicadas, siendo a la vez extremadamente diminutas y, por tanto, inaccesibles a cualquiera de nuestros instrumentos que miden la física a escalas subnucleares. Las teorías de cuerdas establecen una conexión convincente entre la geometría de estas dimensiones extra y los valores de las constantes de la Naturaleza, números que medimos en nuestro Universo tridimensional, como la velocidad de la luz, la masa del electrón o del bosón de Higgs, o la fuerza con la que estas y otras partículas interactúan entre sí. Mediante un proceso llamado compactificación espontánea, cada forma particular de las dimensiones extra genera un conjunto de constantes de la Naturaleza con valores específicos en nuestra realidad tridimensional: la geometría predeciría así los tipos de universos posibles, siendo el nuestro uno de ellos. En el mejor de los casos, y por eso la teoría me cautivó tanto al principio de mi carrera, de las muchas formas posibles de este espacio extra, la teoría *predeciría* la que corresponde a nuestro Universo. En otras palabras, si la teoría fuera correcta, podríamos *deducir* de la geometría las propiedades físicas de nuestro Universo, el último sueño platónico, la realización extática de un sueño de dos mil años de desvelar la estructura más profunda de la Naturaleza a través de la razón humana, el encuentro culminante con la mente de Dios. El paisaje de cuerdas es el espacio abstracto formado por todas estas posibles geometrías y compactificaciones relacionadas, con saltos aquí y allá que corresponden a un universo diferente. Estos universos existen unos fuera de otros; viajar entre ellos está prohibido por las leyes de la física. Por tanto, si existes dentro de un universo, no puedes alcanzar o detectar directamente otros universos. Es como si existiéramos dentro de una pecera, incapaces de conocer lo que hay fuera.

El panorama de las cuerdas es tan convincente como problemático. La física es, ante todo, una ciencia empírica, basada en hipótesis que pueden ser validadas o refutadas. Por tanto, un multiverso no comprobable e inobservable queda fuera del ámbito de la ciencia ordinaria. Un multiverso es muy diferente de la idea del átomo, que permaneció sin probar durante milenios hasta que se confirmó, o la del bosón de Higgs, que se descubrió a lo largo de cinco décadas de notables esfuerzos. Los átomos y las partículas pertenecen a nuestra realidad física y pueden detectarse. Si el multiverso se encuentra más allá de lo observable no en la práctica sino en principio, ¿cómo puede pertenecer a la física y no a otro tipo de argumentación dialéctica?

Se han propuesto ideas para probar indirectamente la existencia de otros universos. Por ejemplo, si un universo vecino colisionó con el nuestro en el pasado, la colisión podría haber dejado una huella específica en el fondo de microondas de fotones que impregna el cielo.[20] Se han buscado tales patrones y no se han encontrado. E incluso si se hubieran encontrado, su observación constituiría a lo sumo una prueba muy indirecta de la existencia de otros universos. ¿Cómo podemos estar seguros de que no hay otros procesos físicos capaces de producir patrones similares? Cualquier hipótesis que propongamos ahora depende de que nuestro conocimiento actual de la física se extrapole a reinos mucho más allá de lo que podemos confiar. La existencia de otros universos cae dentro del dictado que Carl Sagan popularizó en su serie de televisión *Cosmos*: «Las afirmaciones extraordinarias requieren pruebas extraordinarias», pero esta se remonta a principios del siglo XVIII.[21]

Algunos científicos llegan a proponer el multiverso como alternativa a Dios. El razonamiento es que el multiverso ofrece una explicación de por qué las constantes de la Naturaleza conspiran para crear el Universo en el que existimos, capaz de tener planetas que albergan seres vivos. Dado el absurdo número de universos posibles dentro del paisaje de cuerdas, nuestro Universo estaba destinado a ser uno de ellos, el ganador de la lotería cósmica, al menos desde la perspectiva de los seres que juegan a la lotería. Este tipo de argumento es un revival del (re)manido argumento teológico del «Dios de las lagunas», que situaba a Dios en las lagunas de nuestra ignorancia sobre el funcionamiento del cosmos. Newton, por ejemplo, atribuía la estabilidad de las órbitas planetarias a la interferencia divina. El multiverso quiere rechazar la idea de que las constantes de la Naturaleza están afinadas para producir el Universo en el que existimos. Todo parece funcionar como por arte de magia, dando como resultado que estemos aquí. Entonces, ¿fue casualidad o arquitectura intencionada? A falta de una explicación científica de los valores de las constantes fundamentales de nuestro Universo, que, por cierto, fue la motivación original de la teoría de cuerdas, tiene que haber habido un afinador, es decir, un arquitecto divino. Por esta razón, según el argumento, la mejor salida para la ciencia de este enigma es el multiverso: nuestro Universo es el producto de la casualidad, una inmersión en el vasto paisaje de cuerdas. No hace falta arquitecto. Sin embargo, pasar de la falta de una explicación científica para los valores medidos de las constantes de la Naturaleza a la existencia de un afinador divino como única alternativa carece de toda justificación. ¿Quién decretó que la ciencia deba explicar los valores numéricos de las constantes de la Naturaleza para que pueda abordar con éxito este tipo de preguntas? Testigo de ello es el argumento del Dios de las lagunas, pero ahora curiosamente utilizado al revés por algunos científicos para justificar una hipótesis científica que no puede ser validada de manera, es decir, la existencia del multiverso. Un colega bromeó diciendo que «si no quieres a Dios, será mejor que tengas un multiverso». Esto no es ciencia, sino teología, y mala teología. Es una falsa dicotomía. El multiverso juega el mismo papel que un Dios de las lagunas, un argumento científico que, dado que no se puede probar, no puede ser descartado por la ciencia, al igual que Dios.

La alternativa es considerar las constantes de la Naturaleza como los parámetros físicos que medimos y utilizamos para construir nuestra narrativa del mundo. Son el alfabeto de la física, el andamiaje que sostiene nuestros mapas matemáticos de la realidad. No son constantes «de la Naturaleza», sino de nuestra cartografía humana de la realidad física tal y como la percibimos y medimos. No pertenecen al Universo; nos pertenecen a nosotros. Los mapas que hacemos, por maravillosos y convincentes que sean, no son el territorio. Lo verdaderamente magnífico de la ciencia no es que nos permita conocerlo todo –una premisa que, de todos modos, no tiene sentido–, sino que nos permita ver tanto.

Haciéndose eco de los atomistas griegos, el paisaje de cuerdas es un multiverso en el espacio. Otros modelos cosmológicos se hacen eco de los estoicos y su *ekpyrosis*, proponiendo un multiverso en el tiempo: hay un Universo que experimenta una sucesión interminable de ciclos en los que la materia y la energía se exprimen hasta densidades enormes (los inicios), seguidos de expansiones y luego de nuevas contracciones. Conocidos como *modelos de rebote* o cíclicos, tienen la clara ventaja de no depender de los muchos supuestos necesarios para que las teorías de cuerdas sean viables, como las dimensiones extra del espacio. Sin embargo, evocan procesos físicos altamente especulativos que hoy carecen de evidencia observacional.[22]

La mediocridad y la necesidad de una revolución postcopernicana

Volvamos ahora al copernicanismo y a su indiferencia implícita hacia nuestra existencia, una de nuestras preocupaciones centrales. El principio copernicano ha engendrado otro principio, el *principio de mediocridad*, que extiende la irrelevancia de nuestra posición cósmica al carácter común de la vida e incluso de la vida inteligente en el Universo. Según el principio de mediocridad, la mediocridad de la vida en la Tierra se deriva del hecho de que las leyes de la física y la química son las mismas en todo el Universo. *Supone* entonces que, por extensión, también lo son las leyes de la biología basadas en la evolución darwiniana por selección natural. Si nuestro planeta no tiene nada de especial y la vida surgió aquí de la no vida hace unos cuatro mil millones de años y evolucionó hasta convertirse en inteligente, los defensores del principio de mediocridad afirman que no sólo la vida, sino también la vida inteligente, habría surgido en otros innumerables mundos similares a la Tierra en todo el Universo. De ello se deduce que la Tierra es mediocre, o simplemente ordinaria, y la vida es mediocre, la vida inteligente es mediocre, y nosotros somos mediocres.

Este tipo de extrapolación es tan engañosa como peligrosa. Es engañosa porque es científicamente incorrecta. Es peligrosa porque lleva a descuidar nuestro planeta y trivializa la vida, la inteligencia y el papel esencial de nuestra especie en la historia cósmica. El principio copernicano se basa en un hecho astronómico indiscutiblemente correcto: la Tierra es un planeta que orbita alrededor del Sol como los demás planetas de nuestro sistema solar. Cualquier otra cosa que se desprenda de este principio de mediocridad es el resultado de un punto de vista filosófico basado en poco más que arrogancia científica, no en una ciencia bien fundamentada. A saber, el principio de mediocridad descansa en tres supuestos fundamentales: 1) hay muchos planetas similares a la Tierra en el Universo, es decir, planetas capaces de engendrar y mantener vida a largo plazo; 2) la vida surge en muchos de esos planetas, y 3) en un número considerable de ellos, la vida evoluciona hasta convertirse en inteligente.

De estas tres hipótesis, la única que actualmente cuenta con algún nivel de apoyo observacional es la primera, aunque también se debilita bajo un escrutinio minucioso. Como veremos en detalle en la segunda parte, ha habido muchas observaciones de planetas orbitando alrededor de otras estrellas, conocidos como *exoplanetas*, que parecen ser rocosos y dentro de la zona habitable de su estrella anfitriona (la zona habitable de una estrella delimita el rango de órbitas en las que es posible agua líquida en la superficie de un planeta, como veremos en el capítulo 4). Sin embargo, que un planeta sea rocoso y que se parezca a la Tierra son cosas muy distintas, dadas las numerosas y complejas propiedades geofísicas que necesita un planeta para albergar vida durante periodos de tiempo suficientemente largos. Como ejemplo obvio, Mercurio, Venus y Marte son planetas rocosos, pero desde luego no son como la Tierra en cuanto a su capacidad para generar y mantener vida. De hecho, el significado de «parecido a la Tierra» no es muy preciso en la actualidad, y se centra sobre todo en las propiedades físicas del planeta, como tener una masa y un radio similares a los de la Tierra y orbitar dentro de la zona habitable de su estrella anfitriona. Pero como la vida es una parte esencial de ser parecido a la Tierra, esta denominación cualitativa actual carece de especificidad. La masa, el radio y orbitar dentro de la zona habitable de su estrella anfitriona son los requisitos mínimos para que un planeta sea parecido a la Tierra, pero sin duda alguna no son suficientes. Un exoplaneta realmente parecido a la Tierra también tendría que tener una composición atmosférica muy similar a la de la Tierra, una composición que indique una biosfera activa, un requisito mucho más estricto.[23]

En cuanto a las hipótesis 2 y 3, apenas comprendemos cómo surgió la vida a partir de la no vida en la Tierra y cómo evolucionó hasta convertirse en inteligente, dadas las numerosas contingencias de la singular historia de nuestro planeta. El origen de la vida sigue siendo un misterio, mientras que la evolución de la vida unicelular simple a la vida inteligente no es una vía necesaria –y desde luego no inevitable– para la evolución de la vida. A la vida le importa si está bien adaptada a su entorno para poder reproducirse con éxito, no si puede construir cohetes o escribir poesía. En otras palabras, aunque la inteligencia es claramente un beneficio evolutivo, no hay garantía de que la vida vaya a llegar a ella. Los dinosaurios existieron durante más de 150 millones de años y sufrieron muchas mutaciones; sin embargo, no llegaron a ser inteligentes, al menos no el tipo de inteligencia que construye civilizaciones tecnológicas. La ciencia actual no justifica extrapolar la existencia de otros planetas rocosos en nuestra galaxia y más allá a que haya muchos casos de vida inteligente en el Universo. La vida, y mucho menos la vida inteligente, no simplemente se deriva de condiciones astronómicas favorables. Esta trivialización (o mediocritización) de la vida y de la vida inteligente tiene graves consecuencias para la forma en que nos vemos a nosotros mismos y al planeta que habitamos y compartimos con otras formas de vida. La forma en que contamos la historia de quiénes somos importa.

La relevancia de nuestra existencia no es una mera cuestión científica relacionada con nuestra ubicación cósmica. Es una cuestión existencial, una cuestión relacionada con nuestros valores y nuestra posición moral y que requiere múltiples perspectivas, y la ciencia no es más que una de ellas. De ello se deduce que no deberíamos decidir si importamos o no en el gran esquema de las cosas sobre la base de un argumento científico defectuoso que cosifica nuestro planeta y considera nuestra especie como un mero eslabón de una cadena causal de acontecimientos. Por desgracia, nuestra narrativa cultural actual, que cuenta la historia de lo que somos, ha unido ambas cosas, y la irrelevancia cósmica de nuestra ubicación (que, resulta, también puede ser discutible) se ha inflado para significar la irrelevancia de nuestro planeta, de la existencia de vida aquí, y de nuestra especie y otras formas de vida complejas.

Esta narrativa debe ser anulada, al igual que Copérnico y sus partidarios acabaron con la centralidad de nuestra ubicación cósmica hace más de tres siglos. Como con cualquier historia, podemos elegir cómo contarla. Siguiendo a Copérnico y la Ilustración, hemos contado nuestra historia como una de creciente pequeñez: cuanto más sabemos sobre el Universo, menos importantes nos volvemos. Para avanzar hacia una universalidad sin valores, la ciencia se distanció de las preocupaciones espirituales y se centró en una descripción cuantitativa del mundo natural. Así es como funciona la ciencia. La espiritualidad en la ciencia vive dentro de la cosmovisión subjetiva de los científicos que se consideran espirituales, no en la ciencia que producen. Puede inspirar e informar la visión de los científicos, pero no en su producción científica. Einstein, por ejemplo, creía en una presencia divina racional spinoziana en la naturaleza, pero no aparece en ninguno de sus trabajos científicos.

Pero nuestra historia no es sólo una narración científica; abarca múltiples dimensiones culturales, siendo la ciencia una de ellas. No se puede negar que el Universo en expansión sea inmenso y que nuestro planeta no es más que una pequeña mancha en una galaxia espiral ordinaria, pero esto es parte de la historia. Porque en esta mancha, la vida surgió y evolucionó... para engendrar una especie capaz de ser consciente de sí misma, con una sed espiritual de conocer sus orígenes, su destino y el significado de estar vivo. Esto, en sí mismo, es motivo de un profundo sentimiento de asombro que va mucho más allá de los datos sobre distancias y tamaños cósmicos, o incluso de cuántos planetas similares a la Tierra hay ahí fuera. Nuestros logros científicos no deben hacernos perder de vista quiénes somos. Más bien al contrario, mirando con una mentalidad diferente lo que hemos aprendido hasta ahora es como nuestra existencia, y la del raro planeta Tierra, adquiere un nuevo nivel de relevancia. Debemos volver a contar nuestra historia dentro de esta nueva perspectiva para rescatar nuestra identidad cósmica. Sólo podremos ir a algún lugar nuevo como especie si nos replanteamos quiénes somos. Y dado el estado actual de nuestro proyecto de civilización, debemos repensar urgentemente quiénes somos. En una cosmovisión postcopernicana, la ciencia abraza el sentido para reorientar nuestro futuro colectivo. Para empezar, debemos mirar el Universo con otros ojos.

Parte II
Mundos descubiertos

3. La desacralización de la naturaleza

«El silencio eterno de estos espacios infinitos me llena de espanto».

BLAISE PASCAL, *Pensamientos*

La primera transición: cómo la Tierra perdió su encanto

Antes de que pudiéramos ver otros mundos a través de telescopios o aterrizar en la Luna y enviar sondas espaciales a los confines del sistema solar y más allá, alcanzábamos la inmensidad del espacio con nuestra imaginación. De niño, solía pasar los veranos en casa de mis abuelos, en las montañas, a unas dos horas de Río de Janeiro, donde nací y crecí. Rodeada de jardines y árboles frutales, su casa era mi lugar mágico, un refugio de la abarrotada, ruidosa y contaminada (pero aun así asombrosamente bella) gran ciudad. Aunque la Naturaleza estaba controlada y domesticada, su presencia era poderosa en el patio de mis abuelos, rebosante de flores e insectos y de miríadas de pájaros. Como los instrumentos de una orquesta sinfónica que emiten frases melódicas que, juntas, se convierten en una conmovedora obra de arte, los trópicos reverberan con una explosiva energía vital encarnada en los innumerables seres vivos que pueblan el suelo, las aguas y el aire. Un ecosistema tropical es un experimento gigante de lo biológicamente posible realizado a través de plantas, animales y hongos. Entonces no lo sabía, mientras coleccionaba y catalogaba escarabajos, arañas y mariposas e identificaba pájaros, murciélagos y ranas, pero aquel pequeño trozo de planeta era mi santuario, un portal a lo sagrado del mundo natural.

Años más tarde, tras la muerte de mis abuelos, la casa se vendió. Lo primero que hicieron los nuevos propietarios fue talar los pinos y magnolios para despejar el terreno. Aquella profanación dejó un agujero en mi corazón que sigue abierto hoy, medio siglo después.

El aire era más limpio entonces, y las noches sin luna, más oscuras, con poca influencia de las brillantes luces artificiales. En las calurosas noches de verano me tumbaba en la hierba con mis primos y admiraba lo que había arriba. Éramos los niños de la primera llegada a la Luna, que vimos con la mente maravillada y los ojos pegados al televisor en blanco y negro de mi tío, mientras Neil Armstrong daba los primeros pasos humanos en otro mundo. Durante miles de millones de años, la vida en este planeta había estado atada a su atmósfera. Pero ahora, en una transición extraordinaria, la vida se había liberado hacia el espacio exterior, en busca de sus orígenes cósmicos. Inmenso como es, el Universo se hizo un poco más pequeño. Si la ciencia y la imaginación humana podían llevarnos a nuestro mundo satélite a 240.000 millas de distancia, se podría ir a cualquier parte. Observaríamos el cielo en silencio, escudriñando en busca de estrellas fugaces, preguntándonos si otros tipos de criaturas nos estarían mirando desde mundos lejanos, preguntándonos, al igual que nosotros, si estaban solos en el Universo. Yo sigo haciéndome esa misma pregunta.

Como animales sociales que somos, a los seres humanos nos cuesta tolerar la soledad. Necesitamos pertenecer a un grupo para encontrar un sentido. Esto sigue siendo cierto a medida que nuestros círculos comunitarios crecen, de la familia y los amigos a las escuelas, los clubes y las iglesias, y de ahí, a los estados y los países. El último eslabón de esta cadena de pertenencia, aún ausente de nuestra conciencia colectiva, es ampliar nuestro círculo comunitario para abarcar todo el mundo natural. Para vivir una vida plena, debemos encontrar un lugar y un propósito en cada una de las capas de estos círculos concéntricos de comunidad, aunque invirtamos más energía en capas específicas. Pero la finalidad no puede beneficiar sólo al individuo. Un sentido egoísta del propósito no trae frutos comunitarios; trae soledad. El propósito puede surgir del yo, pero si permanece centrado en el individuo, traerá aislamiento y no pertenencia. Una luz brillante rodeada de espejos por todos lados no ilumina el exterior. Cuando ampliamos este pensamiento de la comunidad interna de la familia a una comunidad global que abarca todo el mundo natural, cuando vemos a la humanidad como una única especie que habita un pequeño planeta, podemos alcanzar un nuevo sentido de propósito, trabajando juntos como ciudadanos planetarios. La alternativa, como podemos ver claramente a nuestro alrededor, es el abandono planetario. Si descuidamos a nuestras familias, nos quedaremos sin familia. Si descuidamos a nuestros amigos, nos quedaremos sin amigos. Si descuidamos nuestras comunidades, nos quedaremos sin comunidad. Y si descuidamos nuestro planeta, nos quedaremos sin planeta. Al menos, sin ningún planeta que podamos habitar.

Hemos evolucionado para anhelar la reconfortante seguridad de un grupo, de pertenecer a una comunidad que nos dé un sentido de identidad y propósito. Necesitamos grupos que nos reconozcan como miembros valiosos. Un aspecto poderoso de todas las religiones es ofrecer compañerismo a través de un conjunto de valores compartidos. Lo mismo ocurre con las comunidades laicas unidas por un sentimiento de lealtad. En los grupos encontramos fuerza, nos sentimos protegidos, encontramos un propósito al relacionarnos y ayudar a los demás. Nuestra luz interior se extiende a nuestro entorno. El reto de nuestro tiempo es encontrar formas de expandir este sentido de propósito y pertenencia a la comunidad planetaria para abrazar el colectivo de la vida.

El camino no es fácil, pero podemos encontrar orientación en dos fuentes que, a primera vista, parecen extremadamente diferentes entre sí. Podemos encontrar orientación en quienes precedieron a las civilizaciones tecnológicas de Occidente, impulsadas por las máquinas: las culturas indígenas que, durante milenios, han venerado la Tierra como un reino encantado. Y, quizás sorprendentemente para muchos, también podemos encontrar orientación en nuestra narrativa científica actual, que reúne lo que hemos aprendido de la física de lo muy pequeño, los átomos y moléculas de los que estamos hechos nosotros y todo lo demás, y de lo muy grande, la astronomía estelar, los exoplanetas y el Universo en su conjunto. Sin embargo, para que la narrativa científica actual nos guíe hacia una comunidad planetaria, debemos replantear su enfoque, no presentando la ciencia como el triunfo de la razón humana sobre el mundo natural, sino como una narrativa que sitúa a la humanidad en la inmensidad épica de la historia cósmica y evolutiva.

Nuestro sentido de comunidad tuvo su origen en las bandas de cazadores-recolectores que precedieron a la civilización agraria. Muy posiblemente, heredamos tales características de especies de homínidos anteriores, desde los australopitecos hasta los neandertales. Lo que sí sabemos que diferencia al *Homo sapiens* de las especies anteriores es una capacidad de imaginación y representación simbólicas en gran medida amplificada gracias a nuestro córtex frontal agrandado. Atribuimos un valor simbólico a los objetos y los representamos a través del arte y el lenguaje. Esta capacidad permite que nuestro mapa del mundo sea concreto y abstracto a la vez, ya que identificamos fuerzas que podemos y que no podemos controlar como responsables de animar la existencia. Para nuestros antepasados, la realidad era a la vez aquello sobre lo que podían actuar y controlar: cazar, recoger fruta de los árboles, hacer fuego y tener hijos, desplazarse en busca de agua y protección; y aquella fuera de su alcance, las fuerzas misteriosas que subyacen del mundo fenoménico: el ciclo del día y la noche, las impredecibles y poderosas tormentas, el extraño impulso de los seres vivos por sobrevivir y extenderse por la tierra.

Para disponer de cierto control sobre esas fuerzas misteriosas, nuestros predecesores construyeron un puente entre lo concreto y lo abstracto que conectaba los aspectos reales y mágicos del mundo. La naturaleza se divinizó, se llenó de espíritus que infundían todo lo que existía. Nuestros antepasados animistas no distinguían entre lo natural y lo sobrenatural. No había fronteras entre lo concreto y lo mágico. Los espíritus eran tan reales como los árboles, las montañas y las cascadas, siendo inseparables de ellos. Las tradiciones indígenas de todo el mundo se refieren a los bosques, los valles y las montañas como parientes, como tíos y tías, y a la tierra como una madre. Los muertos están tan presentes como los vivos, invisibles a los ojos pero no al corazón. Los miembros de estas comunidades respetan el mundo natural como lo harían con un miembro de su familia. El vínculo entre los humanos y la Naturaleza es la raíz de la identidad cultural indígena y de su paisaje moral. Las plantas y los animales tienen tanto derecho a la tierra como los humanos. Las personas comparten con los animales la necesidad de buscar comida y cazar, sin estar por encima ni por debajo de ellos. Las culturas indígenas se ven a sí mismas como pertenecientes, junto con toda la vida, a la tierra sagrada. La tierra no pertenece a la gente; la gente pertenece a la tierra. Esta jerarquía moral –la naturaleza antes que las personas– es esencial para que las culturas indígenas se relacionen con el entorno natural que las rodea. El respeto y la intimidad únicos que se derivan de un parentesco reverencial con la tierra son profundamente diferentes de la cosificación de la Naturaleza que siguió al crecimiento de las sociedades agrarias en todo el mundo.

El líder y activista indígena brasileño Ailton Krenak lo expresa claramente:

> Durante mucho tiempo, nos han contado la historia de que nosotros, la humanidad, estamos separados del gran organismo de la Tierra, y empezamos a pensar en nosotros mismos como una cosa y la Tierra, como otra: la humanidad contra la Tierra... Mi comunidad con lo que llamamos Naturaleza es una experiencia de la que la gente de ciudad se ha burlado durante mucho tiempo. En lugar de percibir valor, se burlan de ella: «Habla con los árboles, abraza los árboles; habla con los ríos, contempla las montañas». Pero esa es mi experiencia de la vida. No veo nada ahí fuera que no sea Naturaleza. Todo es Naturaleza. El cosmos es Naturaleza. Todo lo que se me ocurre es Naturaleza.[1]

Nunca estás solo cuando el mundo es tu familia.

Una sociedad agraria toma posesión de una parcela de tierra para proporcionar sustento a su población. La tierra se convierte en propiedad humana, «mi trozo de mundo». La jerarquía moral se invierte: la gente antes que la Naturaleza.[2] Si la tierra es fértil y la siembra tiene éxito, la comunidad crece, al igual que la necesidad de crear reglas de comportamiento que protejan el orden social; también la necesidad de hacer cumplir dichas normas en caso de desacuerdo. Pequeña o grande, cualquier comunidad humana necesita esas estructuras jurídicas. A medida que aumentaba el número de habitantes en torno a los centros agrarios, crecía también la necesidad de hacer cumplir las normas.[3] La autoridad tenía que ser absoluta, de arriba abajo, y no una cuestión de discusión pública. Con la necesidad de autoridad vino la necesidad de justificarla. La solución fue separar a la gente de la tierra, rompiendo el parentesco ancestral entre el ser humano y la naturaleza. Los espíritus del bosque, de las cascadas, de las montañas, de los cielos, no tenían cabida dentro de los muros de las ciudades en crecimiento. Los muros de las ciudades mantenían fuera a los indeseables, incluidos los intrusos del mundo natural, ya fueran depredadores de la vida real o criaturas mágicas. Dentro de la ciudad y sus alrededores, el gobernante necesitaba una autoridad indiscutible, una autoridad divina conferida desde arriba. Cuanto más poderosos los dioses, más poderoso era el gobernante que los representaba sobre la tierra: «Mi rey es más poderoso que tu rey porque mi dios es más poderoso que el tuyo».

La llegada de las religiones organizadas –tanto politeístas como monoteístas– creó una división tajante entre nuestro mundo, el mundo natural, y el mundo de los dioses, elevado a lo «sobrenatural» o más allá de lo natural. Las leyes de aquí abajo no se aplicaban al reino sobrenatural de los dioses. El tiempo y el espacio, los límites de nuestra longevidad y las dificultades de nuestros movimientos por la tierra no les afectaban. Los dioses existían por encima de la Naturaleza. Los gobernantes del pueblo eran sus emisarios, su poder estaba justificado por la autoridad divina. Como creían el emperador romano Constantino el Grande o, ya a principios del siglo XVIII, el rey francés Luis XIV, el Rey Sol, los dioses sancionaban su poder. Algunas culturas iban aún más lejos. En Egipto, el faraón era considerado un dios en la Tierra. Incluso cuando no existían tales pretensiones, las alianzas entre el Estado y la Iglesia forjaron una jerarquía de poder divinamente justificada a costa de un creciente distanciamiento entre los humanos y el mundo natural.

Cuando los dioses abandonaron el reino de los vivos –los valles, los bosques, las montañas–, las sociedades agrarias de éxito se convirtieron en ciudades de rápido crecimiento, una aglomeración de humanos que empujaba a la Naturaleza fuera de sus límites. Las granjas satélites domesticaban los recursos naturales para satisfacer las necesidades de la población, mientras que las ciudades se convertían en puntos de comercio para la compraventa de bienes y artesanía. Lo «salvaje», las extensiones salvajes del mundo, se tachaba de peligroso, impredecible, hogar de bestias, de presas, y debía evitarse o, en caso necesario, explotarlo y destruirlo. Poco a poco, la antigua sagrada alianza entre el hombre y la Naturaleza se convirtió en un conflicto abierto. La Naturaleza, antaño diosa madre, se convirtió en enemiga. Las religiones ancestrales que adoraban a la Naturaleza fueron consideradas paganas y pecaminosas. Peor aún, con la colonización de las potencias occidentales, las religiones nativas fueron consideradas «primitivas» y sus seguidores «salvajes». «Civilizar» a alguien significaba la conversión forzosa al cristianismo o la muerte. La «gran conversación», según la inspiradora expresión del sacerdote católico y ecoteólogo Thomas Berry, ya no era entre los seres humanos y la naturaleza, sino entre los seres humanos y un Dios ausente.[4]

Con el auge de los credos monoteístas, la redención y el consuelo se convirtieron en búsquedas abstractas, alejadas de una conexión espiritual con el mundo natural. La Tierra había perdido su encanto. Dios estaba lejos, habitando los confines inalcanzables del cielo. La oración y los rituales pretendían ahora conectar con la esfera etérea de Dios y los elegidos, mientras que la tierra, el bosque y sus misterios se asociaron con la oscuridad y la decadencia, hogar de los rebeldes, de las tentaciones de la carne, de la magia seductora de los espíritus malignos.

El sentido de comunión con lo divino, antes horizontal y concreto, anclado en una conexión espiritual con el mundo natural al que pertenecemos nosotros y todas las criaturas vivas, se volvió vertical y abstracto, anclado en cambio en la noción sobrenatural de los cielos arriba, el reino de Dios, desligado de la condición humana, de las dificultades de una existencia de carne y hueso en un mundo cambiante. En el siglo v, san Agustín y otros teólogos cristianos completaron la transición. ¿Cómo podía competir la dureza del mundo con la promesa de la dicha celestial eterna? Incluso los pocos marginados que adoraban la Tierra como parte de la creación de Dios –los padres y madres del desierto, los sabios ascetas y los santos místicos– se sumergieron en la Naturaleza buscando la comunión con un Dios abstracto. Los milagros se convirtieron en rupturas con lo físicamente posible, intervenciones divinas temporales en la Tierra desde una distancia sobrenatural.[5] Los dioses desaparecieron, y la Tierra perdió su magia.

La segunda transición: de un cosmos cerrado a un universo abierto

La adhesión de la Iglesia al modelo aristotélico de un cosmos centrado en la Tierra y en forma de cebolla tenía mucho sentido. Al fin y al cabo, Aristóteles proponía una clara división entre lo que ocurría en la Tierra –el ámbito terrestre– y lo que ocurría en la Luna y arriba, en el ámbito celeste. La Tierra central era la sede del cambio y la transformación, con toda la materia compuesta de combinaciones de los cuatro elementos básicos: tierra, agua, aire y fuego. La Luna y todas las demás luminarias celestes eran eternas e inmutables, compuestas del quinto elemento, el éter. Ocho esferas rodeaban la Tierra central: una para la Luna, otra para el Sol, cinco para los planetas visibles y otra para las estrellas. Más allá de la esfera de las estrellas, la afectuosa Causa Primera originaba todos los movimientos cósmicos desde la novena esfera, llamada Primum Mobile («primer movimiento»). Finalmente, la última esfera, el Empíreo, era el reino de Dios y de los elegidos, donde Dante Alighieri situó su Paradiso. El cosmos medieval cristiano era cerrado, estático y esférico.

Esta rígida estructura cósmica comenzó a desmoronarse después de que Copérnico propusiera su modelo heliocéntrico. Al principio, pocos escucharon sus ideas, como hemos visto, pero unos cien años después de la publicación de *Sobre las revoluciones de las esferas celestes*, Kepler, Galileo, Descartes y Newton completaron la transición de un cosmos geocéntrico a uno heliocéntrico, dejando atrás las ideas de Aristóteles y reinventando la física en el proceso.

Como era de esperar, la retirada de la Tierra del centro de la creación causó gran confusión en la teología y en la ciencia. Sin embargo, en contra de lo que muchos piensan, Copérnico no sufrió ninguna dura censura por parte de la Iglesia.[6] Esta trágica distinción corresponde al que fuera fraile dominico Giordano Bruno, que había defendido activamente el heliocentrismo desde la década de 1580, haciéndose eco de Epicuro al sugerir que las estrellas eran otros soles con planetas girando a su alrededor, muchos de ellos repletos de vida propia. Bruno era un visionario acuciado que soñaba con unir las confesiones cristianas enfrentadas rociando elementos del misticismo hermético en la olla hirviendo de la Reforma y la Contrarreforma. Los resultados fueron desastrosos. Más allá de su defensa de Copérnico, la Iglesia se ofendió con las opiniones contrarias de Bruno sobre la condenación eterna, la Trinidad, la divinidad de Cristo y la virginidad de María. Tras ocho años de juicio, la Inquisición condenó como hereje a un Bruno impenitente. Fue quemado en la hoguera en la plaza Campo de' Fiori de Roma en 1600. Los visitantes que disfrutan del concurrido mercado de la plaza no pueden evitar la sombría estatua de un Bruno embozado, hoy celebrado como mártir de la libertad intelectual. En la base de la estatua encontramos la inscripción: «A Bruno / el siglo adivinado por él / aquí donde ardió la hoguera».

Ante este aterrador precedente, un Galileo mucho más cauteloso y políticamente inteligente decidió arrepentirse de manera abierta de su defensa del heliocentrismo en 1633, evitando la tortura y la hoguera. En su lugar, fue condenado a rezar diariamente y a arresto domiciliario durante los días que le quedaban de vida. Una de sus dos hijas, ambas monjas, llevaba a cabo la mayoría de las oraciones en su nombre. Para no ser silenciados, los discípulos de Galileo esquivaron la censura de la Iglesia y pasaron de contrabando sus libros e ideas por toda Europa. Gracias a Galileo, la física se convirtió en el estudio matemático del movimiento y sus leyes, mientras sus pioneras pruebas telescópicas asestaron un golpe devastador al cosmos de Aristóteles, centrado en la Tierra.

Mientras tanto, en Praga, Kepler estableció las tres leyes matemáticas del movimiento planetario, combinando datos y teoría para construir las bases conceptuales de un cosmos heliocéntrico. La Tierra y los demás mundos lejanos que rodeaban al Sol obedecían las mismas leyes de movimiento orbital. En conjunto, Galileo y Kepler demostraron que los movimientos en la Tierra y en los cielos obedecían a leyes cuantitativas precisas, leyes que reflejaban un orden que se extendía por todo el cosmos. Lo que para los griegos había sido el ámbito de la argumentación filosófica se convirtió en el estudio de la realidad física, susceptible de descripción cuantitativa.

Este notable logro intelectual borró gradualmente el valor sagrado que nuestros antepasados atribuían a nuestro planeta natal, ya que la naciente ciencia de los cielos legitimó la Tierra como un planeta rocoso que orbita alrededor del Sol. Desde un punto de vista astronómico, no tenía nada de excepcional. La religión amplificó este punto de vista, dado que nuestra presencia aquí hacía a la Tierra aún menos atractiva, con nuestra propensión a la decadencia materialista y los placeres de la carne. Un planeta rocoso ordinario habitado por pecadores no podía contener mucha magia.

Las primeras décadas del siglo XVII fueron tiempos de transición en los que el nuevo papel de la Tierra se vio contrarrestado por la antigua creencia en un Universo finito encerrado en el Empíreo. Dios estaba ahí fuera, en la décima esfera, distante pero presente. Su papel era confuso. Los católicos creían que podía actuar mediante un milagro en el mundo, mientras que los protestantes creían en los milagros del Nuevo Testamento y los judíos, en los milagros de la

Biblia hebrea. Para todas las religiones monoteístas, el alejamiento de Dios del mundo requería la fe en la presencia abstracta de Dios. Tal era la creencia predominante en las culturas europeas de la época. Por el contrario, como hemos visto, muchas culturas indígenas consideraban que la Naturaleza era divina y que estar en el mundo era un privilegio que merecía devoción y reverencia. No había separación entre el mundo vivo y el mundo espiritual. La fe es necesaria sobre todo para las religiones en las que los dioses están alejados del reino de los vivos.

Entonces, algo notable sucedió: Isaac Newton. Nacido en 1642, el año en que murió Galileo, Newton se convirtió rápidamente en la figura más destacada de las nuevas ciencias físicas emergentes. Pero, al contrario que Galileo y Kepler, consideraba que la física de los cielos y la de los fenómenos terrestres eran una misma cosa. La gravedad, en particular, era la gran unificadora, la fuerza responsable de los movimientos de los objetos que caen en la Tierra y de las órbitas planetarias alrededor del Sol, incluida la Tierra.[7] También era responsable de las mareas, de las órbitas recurrentes de algunos cometas (Halley incluido), de la inclinación de nuestro planeta (la precesión de los equinoccios) y de su forma ligeramente oblonga. La gravedad era el escultor universal, actuando sobre los granos de arena que se atraen en una playa, extendiendo su alcance hasta la magnificencia de los movimientos planetarios y, más allá, hasta las estrellas. La gravedad envolvía todo el cosmos con su abrazo. Lo que mucha gente no sabe, y las escuelas no enseñan, es que, para Newton, la gravedad era inseparable de Dios.

Siendo teísta, Newton creía que Dios era inmanente en el mundo, su omnipresencia aseguraba la estabilidad de toda la creación. Todo objeto con masa atraía a cualquier otro objeto con masa. Tú atraes a la galaxia de Andrómeda, y la galaxia de Andrómeda te atrae a ti. A través de la gravedad todo está conectado, incluso si estas conexiones se debilitan con (el cuadrado de) la distancia, volviéndose enseguida insignificantes. Andrómeda y tú estáis conectados, pero tan débilmente que no causáis ningún efecto perceptible. Pero los brazos de la gravedad se extienden hacia fuera y llegan a todo en el cosmos, dando forma al Universo mismo.

La visión del mundo de Newton mezclaba la ciencia con la magia, aunque, en la práctica y entre sus coetáneos, fuera extremadamente cuidadoso a la hora de distinguir entre ambas. Al calcular la influencia de la órbita de Saturno sobre la de Júpiter, no hay lugar para la especulación teológica, sólo hay física pura y dura y cálculo. Newton insistió en que su nueva filosofía natural era explícitamente cuantitativa y seguía una metodología científica estricta, es decir, que cualquier hipótesis tenía que ser validada de forma experimental para ser considerada en serio como la explicación de un fenómeno observado dado. Un ejemplo es su famosa cita: «Yo no finjo hipótesis» del General Scholium (una especie de epílogo) publicado en la segunda edición (1713) de su libro de referencia *Mathematical Principles of Natural Philosophy* (*Principios matemáticos de la filosofía natural*, a menudo llamado *Principia*):

> Hasta ahora he explicado los fenómenos de los cielos y de nuestro mar por la fuerza de la gravedad, pero todavía no he asignado una causa a la gravedad [...] Todavía no he podido deducir de los fenómenos la razón de estas propiedades de la gravedad, y no finjo hipótesis. Porque todo lo que no se deduce de los fenómenos debe llamarse hipótesis; y las hipótesis, ya sean metafísicas o físicas, o basadas en cualidades ocultas, o mecánicas, no tienen lugar en la filosofía

> experimental [...] Y basta con que la gravedad exista realmente y actúe según leyes que hemos expuesto, y basta para explicar todos los movimientos de los cuerpos celestes y de nuestro mar.[8]

Newton era orgullosamente consciente del poder de su teoría de la gravedad universal para explicar los movimientos naturales observados de una enorme variedad de fenómenos basados en la gravedad en la Tierra y en el espacio. La teoría funcionaba, pero confesó no saber qué era la gravedad. No sabía por qué dos cuerpos con masa se atraerían mutuamente. Con buen criterio, decidió no hacer conjeturas. «No finjo hipótesis», y procedió a establecer la naturaleza empírica de las ciencias físicas: «Porque todo lo que no se deduce de los fenómenos [...] no tiene cabida en la filosofía experimental». Hoy en día usamos la palabra «hipótesis», pero Newton quería decir que si no se puede llegar a pruebas experimentales, tu teoría no tiene valor para la ciencia.

Suena como una declaración fuerte y clara. Nótese, sin embargo, que Newton califica los posibles tipos de hipótesis: «Ya sean metafísicas o físicas, o basadas en cualidades ocultas, o mecánicas». Parece dar a entender que existen otros modos de explicación aparte de la científica: formas metafísicas, ocultas al conocimiento. Puede que no tengan cabida en la «filosofía experimental», pero es cierto que tenían un lugar en la mente de Newton. De hecho, cinco años después de publicar los *Principia*, intercambió cartas con el teólogo de Oxford Richard Bentley, que quería usar la gravedad universal para demostrar la existencia de Dios. Como teísta, Newton fue muy receptivo. Bentley le preguntó a Newton su opinión sobre la naturaleza de la gravedad y obtuvo la siguiente respuesta:

> Es inconcebible que la materia bruta inanimada (sin la mediación de otra cosa que no es material) opere y afecte a otra materia sin contacto mutuo; como debe ser si la gravitación en el sentido de Epicuro [atomismo] es esencial e inherente a ella. Y esta es una de las razones por las que deseaba que no me atribuyeran una gravedad innata. Que la gravedad sea innata, inherente y esencial a la materia, de modo que un cuerpo pueda actuar sobre otro a distancia a través del vacío sin la mediación de nada más, por y a través de lo cual su acción o fuerza pueda ser transmitida de uno a otro, es para mí un absurdo tan grande que creo que ningún hombre que tenga en materia filosófica alguna facultad competente de pensar puede caer jamás en él. La gravedad debe ser causada por un agente que actúa constantemente de acuerdo con ciertas leyes, pero si este agente es material o inmaterial es una cuestión que he dejado a la consideración de mis lectores.[9]

¿Podría la gravedad estar mediada por «otra cosa que no es material»? Newton continúa explicando que la única manera en que la gravedad podría actuar a distancia, como lo hace entre el Sol y la Tierra, y aun así siga siendo coherente con el atomismo epicúreo (los objetos sólo pueden influir en otros chocando), era mediante algún agente que actuara a través del espacio. Deja a los lectores la decisión de qué tipo de agente es (material o inmaterial), abriendo la puerta al pensamiento mágico. Y le gusta que sea así, dado que en otra parte del *General Scholium Newton* atribuye el esplendor del orden cósmico a «un Ser inteligente y poderoso», argumentando que «ninguna variación en las cosas surge de la ciega necesidad metafísica, que debe ser la misma siempre y en todas partes. Toda la diversidad de las cosas creadas, cada una en su lugar y en su tiempo, sólo puede haber surgido de las ideas y la voluntad de un ser necesariamente existente».[10]

A Bentley, Newton le explica que este Ser debe ser «muy hábil en mecánica y geometría».[11] Dios era el Diseñador Cósmico, una representación en el siglo XVII del Demiurgo de Platón. Complacido, Bentley presenta a Newton otro desafío conceptual, preguntándole cómo un Universo finito y esférico lleno de trozos de materia que se atraen mutuamente no colapsaría en una enorme masa en su centro. En otras palabras, ¿a qué podríamos atribuir la estabilidad del Universo en su conjunto? Newton introdujo entonces una idea revolucionaria. Afirmó que el Universo debía ser infinito. Sólo entonces, las atracciones procedentes de todas las direcciones se anularían mutuamente y darían estabilidad al conjunto de la creación. Es más, Dios actuaría para corregir cualquier pequeño desequilibrio gravitatorio, como el causado por el paso de un cometa cerca de un planeta. Para Newton, la existencia misma del Universo y su perdurabilidad en el tiempo eran prueba del diseño y la presencia continua de Dios. El economista británico e historiador de las ideas de Newton John Maynard Keynes escribió que «Newton no fue el primero de la era de la razón. Fue el último de los magos».[12] La ciencia de Newton fue una peregrinación reverencial de la mente para descifrar el plan de Dios para el Universo.

Newton era la línea divisoria entre dos visiones muy distintas del mundo: una donde el mundo está lleno de magia, y otra en la que no. El espectacular éxito de su ciencia sembró la llamada Era de la Razón o Ilustración, basada en una visión estrictamente materialista y racional de la realidad que dictaba no sólo cómo debía hacerse la ciencia, sino cómo la gente debía relacionarse con el mundo natural. El teísmo de Newton –un Dios presente en todo momento– abrió paso al deísmo, a un Dios ausente cuyo papel fue relegado al de creador del Universo y sus leyes. Irónicamente, la precisión de la ciencia de Newton exorcizó la necesidad de la presencia continua de Dios en el mundo. A partir de entonces, la tarea de la ciencia fue descifrar la mecánica de relojería construida en el marco de una realidad compuesta de cuerpos materiales y fuerzas que actúan sobre ellos. Después de Newton, la Naturaleza perdió su alma.

Sin dioses que la protegieran, la Naturaleza fue desacralizada para convertirse en una mercancía, un objeto de explotación en beneficio de los réditos de capital. En una de las mayores hipocresías de la historia, el blanco racional y civilizado de Occidente aplastó a las comunidades indígenas «salvajes» y «primitivas» de América, África y Oceanía que se atrevieron a desafiar la marcha europea hacia el «progreso». La Revolución Industrial, impulsada por el motor de vapor, proporcionó los medios para una explotación cada vez más eficaz y devastadora de los recursos naturales. A mayor progreso, mayor necesidad de recursos. La codicia tiñó la tierra y los mares mientras el ensordecedor ruido de la maquinaria silenciaba la voz de la Naturaleza. El abismo entre los seres humanos y sus raíces naturales se ensanchaba. Lo que antaño fuera lo más sagrado de todo ser se convirtió en un objetivo de oportunidades económicas, a medida que el «hombre civilizado» extraía y perforaba, arrasaba bosques y mataba animales como alimento y trofeo. La Ilustración, con todos sus grandes descubrimientos y creaciones, fue también la época que amplificó los fallos morales de la humanidad, ya que convirtió la razón en un arma mortífera de destrucción medioambiental.

4. La búsqueda de otros mundos

> «Sería muy extraño que la Tierra estuviera tan poblada como está y los demás planetas no lo estuvieran en absoluto, pues no hay que pensar que vemos a todos los que habitan la Tierra; hay tantas especies de animales invisibles como visibles».
>
> BERNARD LE BOVIER DE FONTENELLE,
> *Conversations on the Plurality of Worlds*

Las variedades de los mundos del más allá

La sociedad y la cultura europeas protestaron contra la objetivación de la Naturaleza. Los románticos, por ejemplo, se opusieron a los embates de la razón, reafirmando su profundo apego al mundo natural. En Inglaterra, William Wordsworth y Samuel Taylor Coleridge se retiraron a Somerset para sumergirse en el paisaje. «Mientras con un ojo aquietado por el poder / de la armonía, y el profundo poder de la alegría, / vemos en la vida de las cosas», escribió Wordsworth con amor reverencial por su entorno.[1] En 1818, Mary Shelley publicó *Frankenstein*, una meditación gótica sobre los peligros de llevar la ciencia más allá de su cuota ética.

«Ver en la vida de las cosas» chocaba con la maquinaria masiva de la industrialización y su apetito por los recursos naturales. Los románticos se opusieron con sus creaciones artísticas en la literatura, la música y la pintura, cultivando el sentimiento de lo sublime en la Naturaleza, buscando reencantar el mundo natural. En Alemania, Beethoven, con su sonata *Claro de Luna* y su *Sinfonía Pastoral* (n.º 6 en fa mayor), alineó su música con la belleza evocadora del mundo natural. El mismo año que Shelley publicó *Frankenstein*, Caspar David Friedrich pintó *El caminante sobre el mar de nubes*, la icónica representación de la búsqueda de sentido del ser humano en la profunda contemplación de la impresionante belleza y poder de la Naturaleza. Como señala el escritor Robert Macfarlane en *Las montañas de la mente*, *El caminante* de Friedrich «se convirtió, y ha permanecido, como la imagen arquetípica del visionario montañero, una figura omnipresente en el arte romántico».[2] Sólo en las alturas enrarecidas se podía encontrar la soledad, lejos de las masas ruidosas y malolientes confinadas dentro de los muros de la ciudad.

Vemos una conexión entre lo que los románticos laicos buscaban en la Naturaleza y la espiritualidad activa de las culturas indígenas de todo el mundo y de los valores excéntricos de las religiones monoteístas, como los padres y madres del desierto y su vida ascética: la llamada a abrazar lo salvaje, a sumergirse en la Naturaleza indómita para vincularse con lo divino. A su manera, entendían que estar en la Naturaleza evocaba un sentimiento de pertenencia a algo más grande, abriendo una vía a una conexión espiritual con el cosmos que trascendía el paso del tiempo.

Para algunos filósofos naturalistas, la exploración científica de los cielos también conducía a contemplaciones románticas. En el Libro III de los *Principia*, Newton especula sobre la generación, decadencia y regeneración de la materia cósmica, haciéndose eco de la antigua noción de Anaximandro de una Naturaleza en continuo fluir, de mundos que nacen y mueren en una sucesión interminable (véase el capítulo 2). La visión lírica de Newton del reciclaje de la materia a través de estrellas, planetas y cometas mezclaba su ciencia mecánica con sus exploraciones alquímicas. La gravedad, el gran unificador, la encarnación de Dios en el mundo, orquestó el cambio y la transformación a lo largo del cosmos:

> Y los vapores que surgen del sol y de las estrellas fijas y las colas de los cometas pueden caer por su gravedad en las atmósferas de los planetas y allí condensarse y convertirse en agua y espíritus húmedos, y luego –a fuego lento– transformarse gradualmente en sales, azufres, tinturas, limo, barro, arcilla, arena, piedras, corales y otras sustancias terrestres.[3]

La descripción de Newton del flujo y reflujo de la materia celeste expresa una visión orgánica y alquímica de un cosmos en constante cambio. Los cometas errantes son los mensajeros responsables de transferir materiales de las estrellas a los planetas, donde sufren transformaciones químicas en las sustancias que permiten la vida. La gravedad hace posible esta unidad cósmica, tejida mediante el reparto de materia estelar entre todos los planetas. Los «vapores» estelares y cometarios cocinados a «fuego lento» (una referencia a la combustión lenta de los experimentos alquímicos) generan «sustancias terrestres». La química responsable en última instancia de la vida se extiende por todo el cosmos. La visión alquímica de Newton de un Universo mecanicista sugiere que la vida en otros lugares es científicamente posible.

El posterior refinamiento del legado mecánico de Newton, combinado con el rápido aumento de la potencia telescópica en los siglos XVIII y XIX, condujo a cálculos espectacularmente afortunados que confirmaron la naturaleza mecánica de los cielos; también permitió descubrir nuevos mundos.

El primero fue Urano, descubierto por *sir* William Herschel tras una serie de observaciones iniciadas el 13 de marzo de 1781, desde su casa de Somerset, no muy lejos en distancia y tiempo de los hogares de Wordsworth y Coleridge.[4] Contrariamente a lo que muchos creen, Urano es visible a simple vista, sin embargo, como su presencia es muy débil y se mueve despacio, los astrónomos anteriores lo consideraban una estrella, al igual que Herschel en un principio. Luego cambió de opinión, sugiriendo que el nuevo objeto celeste era un cometa, dado que su tamaño crecía a medida que aumentaba la potencia de su telescopio. Las estrellas, al estar demasiado lejos, seguirían teniendo el mismo tamaño puntiforme.[5] La noticia se difundió rápidamente entre la comunidad astronómica europea. ¿Se trataba de un cometa? ¿Tal vez un nuevo planeta? Con paciencia y una observación persistente, la forma de su órbita lo diría. Los cometas tienden a tener órbitas muy elípticas, mientras que las de los planetas son más bien circulares.

La ciencia es como el trabajo de un detective. Buscamos pistas que nos ayuden a resolver un misterio. Las opiniones pueden divergir al principio, pero, con el tiempo, los nuevos datos y un análisis cuidadoso conducen a la comunidad hacia el consenso. Así ocurrió con el nuevo objeto celeste. En 1783, Herschel escribió a Joseph Banks, presidente de la Royal Society: «Por la observación de los astrónomos más eminentes de Europa parece que la nueva estrella, que tuve el honor de señalarles en marzo de 1781, es un planeta primario de nuestro sistema solar».[6]

Urano fue el primer planeta «nuevo» –un mundo que orbita alrededor del Sol más allá de Saturno– en ser descubierto con un instrumento. Por supuesto, el planeta era nuevo sólo a nuestros ojos, ya que tenía miles de millones de años de edad, como sus compañeros. Tras milenios de observación del cielo, los científicos dotados de telescopios cada vez más potentes estaban reescribiendo la narrativa cósmica. Embriagado ante la promesa de su nueva visión amplificada, Herschel comparó los cielos con un «exuberante jardín que contiene la mayor variedad de elaboraciones, en diferentes lechos florecientes».[7]

Las estrellas y los planetas errantes ya no eran los únicos habitantes de los cielos. Charles Messier, en Francia, y Herschel, en Inglaterra, compilaron catálogos de «nebulosas» –objetos difusos y brillantes que no tienen el carácter puntual de las estrellas y los planetas–, lo que complicaba la complejidad de lo que la Naturaleza podía crear y el misterio de lo que podían ser esas creaciones. Con estos avances surgieron nuevas preguntas y aumentó la popularidad de la astronomía y los astrónomos. El rey Jorge III nombró a Herschel astrónomo de la corte y lo trasladó a vivir a Windsor con su hermana y colaboradora Carolina, para que la familia real y los invitados también pudieran mirar por los telescopios, cada vez más maravillosos. El más grande era un gigantesco telescopio reflector de 12 metros, con un espejo primario de 1,25 metros de diámetro, en aquel momento (1789) el mayor instrumento científico jamás construido.[8] El instrumento atrajo todo tipo de visitantes ilustres, incluido un variado séquito de científicos, poetas y dignatarios extranjeros, una lista que incluía a Erasmus Darwin (abuelo de Charles Darwin) y William Blake. Qué otros mundos había ahí fuera esperando a ser descubiertos nadie podía decirlo. Los astrónomos eran los nuevos cazadores-recolectores; sus inexploradas llanuras celestes, la infinita inmensidad del cielo nocturno.

Lo que vemos de la Naturaleza siempre está limitado por lo que nuestros instrumentos nos permiten ver. Mientras alimentemos nuestra curiosidad y dispongamos de la financiación adecuada, esta exploración no tendrá fin. Esto habla tanto del poder como de las limitaciones de la ciencia.[9] A medida que construimos instrumentos más potentes, afinamos nuestra visión del cosmos y, por extensión, de nosotros mismos. Pero nuestro éxito no debe llevarnos a pensar que alguna vez podremos tener una visión completa del mundo o que una visión perfectamente objetiva de él es posible. No existe una visión de Dios del mundo, al menos para nuestros ojos humanos. Estamos obligados a ver el mundo desde los confines de nuestra mente y nuestro cuerpo.

Lo que descubrimos del mundo, la realidad amplificada que nuestros instrumentos nos permiten ver, siempre está enmarcado dentro de nuestro propio alcance humano, basado en nuestra experiencia de estar en el mundo. Tanto en el ámbito de lo muy grande, desde la astronomía del sistema solar hasta la cosmología, como en el de lo muy pequeño, de la microbiología a la física de partículas, nuestros instrumentos son puentes entre lo visible y lo invisible. Traducen lo que está más allá de nuestro alcance sensorial en imágenes, sonidos y gráficos que luego interpretamos con la mente. Toda ciencia es un coqueteo con lo desconocido. A medida que aprendemos más y nuestra visión de la realidad se amplía, debemos recordar nuestras limitaciones con la humildad que exigen.

Otros mundos, otra vida

Con una visión más aguda se deplegó la impresionante variedad de mundos celestes. Herschel equipó sus telescopios con prismas y sensores de temperatura, y descubrió en 1800 la existencia de una forma de luz invisible más allá del espectro visible, lo que hoy llamamos radiación infrarroja. Haciendo gala de su increíble ingenio, Herschel ideó una forma de medir las temperaturas relacionadas con los diferentes colores del espectro visible e incluso un poco más allá del visible, en el infrarrojo.[10] Descubrió que los objetos celestes brillan con colores y temperaturas diferentes. El Sol, por ejemplo, era un grado más caliente en el infrarrojo que en la luz roja. Los objetos pueden brillar con tipos de radiación que son invisibles a los ojos humanos. Herschel descubrió que los objetos celestes como el Sol, las estrellas y las nebulosas emiten luz con diferentes propiedades, e inició así el estudio de la espectrofotometría astronómica y cambió la astronomía para siempre. Nuestro actual instrumento astronómico de vanguardia, el telescopio espacial James Webb, es un telescopio infrarrojo que busca las primeras estrellas, formadas unos cien millones de años después del Big Bang, y posibles indicios de vida (bioseñales) en exoplanetas, tema que abordaremos próximamente. No cabe duda de que Herschel apoyaría con entusiasmo nuestro interés actual por encontrar vida en otros lugares, dada su firme convicción de que la vida estaba omnipresente en todo el Universo.[11]

No era el único. El escritor satírico griego Luciano de Samosata, que vivió en el siglo II de nuestra era, fue el autor del primer relato conocido (que confesó ser una mentira elaborada pero deliciosa) sobre un viaje a la Luna y más allá, con extrañas criaturas alienígenas y guerras interplanetarias. Catorce siglos más tarde, Kepler escribió

Somnium (véase el capítulo 1), su propio relato de un viaje a la Luna, que fue publicado póstumamente.[12] *Somnium* es un brillante ejercicio de consideración de la astronomía desde la perspectiva de otro cuerpo celeste: la duración de los días y las noches, la posibilidad de eclipses, cómo se ve la Tierra desde otro lugar. Además, Kepler especuló sobre el tipo de criaturas que podrían vivir en un lugar así. Como señalamos en el capítulo 1, sus luchas por la supervivencia prefiguraron algunos de los principios que más tarde aparecerían en la teoría de la evolución por selección natural de Darwin.

La degradación de la Tierra, pasando a ser un planeta ordinario, permitió que la vida fuese posible en otros mundos. En 1698, *Cosmotheoros*, del contemporáneo de Newton Christiaan Huygens, planteó la posibilidad de vida extraterrestre argumentando que era una consecuencia inevitable del copernicanismo. Los planetas tienen agua, animales y plantas «no demasiado diferentes de los nuestros [...] pero no como los nuestros». Las primeras frases del libro dejan clara la posición de Huygens:

> Un hombre que es de la opinión de Copérnico, de que nuestra Tierra es un planeta que gira alrededor y es iluminado por el Sol, como el resto de ellos, no puede sino tener a veces la fantasía de que no es improbable que el resto de los planetas tengan su vestido y mobiliario, y sus habitantes también, como esta Tierra nuestra.[13]

A continuación, Huygens menciona a sus predecesores, entre ellos Luciano, Bruno, Kepler y Bernard le Bovier de Fontenelle, ese «ingenioso autor francés de los *Diálogos sobre la pluralidad de los mundos*». En 1686, un año antes de que Newton publicara sus *Principia*, el libro de Fontenelle *Conversaciones sobre la pluralidad de los mundos* planteó las posibilidades que Huygens exploró en profundidad, los tipos de habitantes que podrían existir en mundos similares pero no del todo como el nuestro, incluidos los que giran alrededor de lejanas «estrellas fijas». Como la ingeniosa marquesa comenta al filósofo, narrador de las *Conversaciones*: «Mi imaginación está abrumada por la infinita multitud de habitantes en todos estos planetas, y perpleja por la diversidad que una debe establecer entre ellos, porque puedo ver que la Naturaleza, enemiga de la repetición, los habrá hecho todos diferentes».[14]

Tanto Huygens como Fontenelle creían que la vida abunda en el Universo, experimentando con una variedad infinita de formas en mundos desconocidos. Antes de la visión de Newton de mundos renovados por el ir y venir de los cometas, el filósofo-narrador de Fontenelle conjetura: «El Universo podría haber sido hecho de tal manera que forme nuevos soles de vez en cuando. ¿Por qué la materia adecuada para formar un sol, después de haberse dispersado por muchos lugares, no podría volver a reunirse en un lugar determinado y sentar allí las bases de un nuevo mundo?».[15]

En el siglo XVIII, el copernicanismo había arraigado profundamente en la mentalidad europea. La herramienta analítica era la inducción científica: si el sistema solar tiene planetas y la Tierra es un planeta, es razonable suponer que otros planetas tienen propiedades similares. Después de todo, Galileo había demostrado que la Luna tiene valles y montañas. ¿Por qué no otros planetas? Y si el Sol es una estrella y hay innumerables estrellas en el cielo, esas estrellas también deben tener planetas orbitándolas y, por tanto, vida, como en nuestro sistema solar.

Todo esto parece razonable en la medida en que la inducción tiene sentido, pero la inducción siempre está limitada por lo que sabemos del mundo natural. Más información puede contradecirla, y a menudo lo hace. Por ejemplo, como se mencionó en el capítulo 2, en la Europa del siglo XVII se creía que todos los cisnes eran blancos, pero el explorador neerlandés Willem de Vlamingh encontró cisnes negros en Australia en 1697. Extrapolar a partir de una muestra de datos limitada es peligroso.

La inducción es muy útil, pero hay que tomarla con muchas reservas. Ahora sabemos, por supuesto, que la probabilidad de vida en otros planetas de este sistema solar es extremadamente baja, con la posible (pero aún improbable) excepción del Marte subterráneo. De los ocho planetas del sistema solar, cuatro son rocosos y cuatro son gigantes gaseosos: dos conjuntos de mundos con propiedades muy diferentes. Los planetas rocosos pueden compartir características geológicas con la Tierra, como tener montañas y volcanes. Ahora bien, cada uno tiene una historia muy diferente, que depende de su ubicación en el sistema solar y de diversas variables, como su composición, masa, número de lunas y atmósfera. Cuando añadimos la posibilidad de vida a la mezcla, las incógnitas crecen exponencialmente. Como veremos en la tercera parte, utilizar la inducción para especular sobre la posibilidad de vida en otros lugares es un camino plagado de escollos. Aun así, la ciencia ha avanzado sobremanera desde el siglo XVIII, incluida la exploración y el conocimiento de otros mundos.

Lecciones de Vulcano

La potencia cada vez mayor de los telescopios hizo accesibles al ojo humano los detalles de otros mundos, alimentando aún más los sueños descabellados de lo que podría existir ahí fuera. Fontenelle resumió sabiamente nuestra empresa científica (y filosófica) de la siguiente manera: «Toda filosofía se basa tan solo en dos cosas: la curiosidad y una vista deficiente [...] El problema es que queremos saber más de lo que podemos ver».[16] La tensión entre nuestra curiosidad y nuestra miopía, el hecho de que siempre queremos saber más (algo bueno), pero nuestros instrumentos siempre son limitados (inevitable), impulsa nuestra voluntad de ampliar las fronteras del conocimiento.

En 1847, Urano había completado aproximadamente el ochenta por ciento de una órbita completa alrededor del Sol desde su descubrimiento por Herschel en 1781 (una órbita solar completa tarda ochenta y cuatro años). Los astrónomos que cartografiaron su trayectoria observaron varias anomalías que desafiaban la teoría de la gravedad de Newton. En lugar de descartar la teoría, como algunos sugirieron, el 1 de junio de 1845, Urbain Le Verrier propuso a la Academia Francesa de Ciencias de París que el culpable era otro planeta que tiraba de Urano. Aunque no fue el primero en proponerlo, sus cálculos eran impecables. Incluso predijo, utilizando la mecánica newtoniana, la posición probable del planeta con una precisión de un grado respecto a su ubicación real (a modo de ejemplo comparativo, la luna llena cubre medio grado en el cielo). El 31 de agosto, Le Verrier presentó otro trabajo a la Academia, esta vez calculando la masa y la órbita del nuevo planeta. Como ningún astrónomo francés se ofreció a confirmar su predicción, Le Verrier se puso en contacto con Johann Galle, del Observatorio de Berlín. Galle puso inmediatamente a trabajar a su alumno Heinrich Louis D'Arrest. Tras menos de una hora de búsqueda, d'Arrest encontró el nuevo objeto a menos de un grado de la predicción de Le Verrier. Dos noches después, Galle y su alumno confirmaron que el nuevo objeto era, en efecto, un planeta: «El planeta cuya posición nos ha señalado realmente existe», escribió un asombrado Galle a Le Verrier.[17] Por primera vez en la historia, la teoría física predecía la existencia de un mundo que aún no se había visto.

La predicción de Le Verrier fue un logro asombroso. Imagínese utilizar papel y lápiz para calcular la existencia de algo que nadie había visto antes. Entonces un observador lo encuentra, confirmando las propiedades esperadas del nuevo objeto. De la mente a la realidad. Sin embargo, la teoría se construye a partir de observaciones previas, como la gravitación universal de Newton. Todo lo que hacemos en ciencia comienza con nuestra experiencia del mundo; teorizar viene después. Así que, en lugar de «de la mente a la realidad», deberíamos decir más bien «de la realidad a la mente y a la realidad».[18] Predecir la existencia de nuevos mundos, o de nuevos fenómenos aún no observados, es el sueño hecho realidad de un físico teórico. A la mente vienen las predicciones de Einstein sobre la curvatura de la luz de las estrellas debido a la curvatura del espacio-tiempo, de las ondas gravitacionales, de los fotones como partículas de luz, así como de Murray Gell-Mann sobre los quarks y la predicción conjunta en la década de 1960 del bosón de Higgs por Peter Higgs, François Englert, Robert Brout, Gerald Guralnik, Carl Hagen y Tom Kibble, una partícula que finalmente fue descubierta en 2012.

Una predicción exitosa significa que la teoría tiene algo profundo que decir sobre la naturaleza de la realidad física, como si nuestras ideas pudieran ver más allá de nuestros sentidos: «La irrazonable eficacia de las matemáticas en las ciencias naturales –como reflexionó una vez el premio Nobel Eugene Wigner– es algo que roza lo misterioso».[19] Pero eso es cierto sólo en parte. Las teorías no nacen de un vacío, sino que son el producto de años de trabajo firmemente anclado en las observaciones. Si encerramos a diez físicos teóricos en una habitación sin ventanas y les pedimos que elaboren una teoría del mundo exterior, se equivocarían en casi todo. No podemos adivinar el mundo. Todo lo que hacemos forma parte de nuestra (limitada) experiencia de la realidad.

El éxito teórico suele ir acompañado de una carga emocional que suele incluir un exceso de confianza y un orgullo exagerado. En la misma época en que Le Verrier propuso la existencia de Neptuno, también se preguntaba por la órbita anómala de Mercurio, que se mueve muy lentamente alrededor del Sol en una órbita elíptica que se tambalea (o precesa) como una peonza.[20] A pesar de la notable destreza matemática de Le Verrier, sus minuciosos cálculos de la órbita de Mercurio no coincidirían con las observaciones. Si Neptuno perturbaba la órbita de Urano, ¿por qué no iba a ocurrir lo mismo con Mercurio? En 1859, Le Verrier propuso la existencia del planeta Vulcano, un nuevo mundo que orbita entre Mercurio y el Sol.

A finales de ese mismo año, Le Verrier recibió una carta de Edmond Lescarbault, astrónomo aficionado y médico, en la que este afirmaba haber visto el nuevo planeta pasando por delante del Sol. Cuando un planeta pasa por delante de una estrella, puede verse desde lejos como un diminuto punto negro. Este fenómeno, esencial para encontrar exoplanetas, se denomina tránsito planetario (pronto tendremos mucho que decir sobre los tránsitos planetarios). Cualquiera puede observar el tránsito de Mercurio y Venus por delante del Sol, una visión espectacular pero poco frecuente. Para que el tránsito pueda observarse, el Sol y el planeta en tránsito deben alinearse con nuestra línea de visión. Yo observé el tránsito de Mercurio el 11 de noviembre de 2019 y el espectacular tránsito de Venus el 6 de junio de 2012. Por suerte, el cielo estaba cubierto por nubes brumosas, y me resultó fácil ver a simple vista (con lentes protectoras) la mancha negra que se movía por delante del Sol. El próximo tránsito de Mercurio será el 13 de noviembre de 2032. Marquen sus calendarios. Para Venus, a menos que sea un transhumano semiinmortal, o un lector en un futuro muy lejano, será una larga espera: el próximo tránsito será en diciembre de 2117.

En 1860, un entusiasmado Le Verrier anunció a la Academia Francesa la existencia del nuevo planeta Vulcano. Durante las décadas siguientes, astrónomos de todo el mundo avistaron docenas de «tránsitos», dando aún más credibilidad a la afirmación de Le Verrier. La imaginación popular bullía de entusiasmo. Surgió la «vulcanomanía». Sin embargo, hay otra forma de confirmar la existencia de un planeta entre la Tierra y el Sol: observarlo durante un eclipse solar total. Cuando la Luna bloquea la luz solar, el día se convierte en noche y podemos ver las estrellas y, con suerte, Mercurio y Venus junto al Sol oscurecido. Los astrónomos siguieron durante años los eclipses solares en busca de Vulcano. Tras muchos intentos fallidos, una serie de observaciones detalladas hechas en la primera década del siglo XX no lograron ver ningún planeta nuevo. En 1908, la falta de pruebas volvió a poner en primer plano el misterio del perihelio de Mercurio.[21] Si no era Vulcano, ¿qué causaba la anomalía orbital de Mercurio?

La solución llegó en 1915, con la teoría general de la relatividad de Einstein. El avance por siglo de 43 segundos de arco (o el avance del perihelio de Mercurio) se debía a la curvatura del espacio alrededor del Sol. No hace falta Vulcano. La teoría de la relatividad de Einstein exorcizó bastantes fantasmas de la física, demostrando que, a veces, la Naturaleza nos exige una mirada muy diferente para acercarnos a la verdad. Contradiciendo a Newton, la gravedad no es una acción misteriosa e instantánea a distancia, sino una consecuencia de la curvatura del espacio en torno a un cuerpo masivo. Las perturbaciones gravitatorias viajan a la velocidad de la luz, que es ciertamente muy rápida pero no instantánea. En 1905, con la versión especial de su teoría de la relatividad, Einstein demostró que el misterioso medio que se creía necesario para sostener la propagación de las ondas luminosas en el espacio, el éter luminífero, no era necesario. Como en el caso de Vulcano, los mejores físicos del siglo XIX estaban convencidos de que el éter existía, aunque tuviera propiedades muy extrañas.[22] El espacio exterior está vacío y no hay ningún planeta entre el Sol y Mercurio. Vulcano sólo existe en la ficción, como el planeta natal del Sr. Spock de *Star Trek*. En realidad, los vulcanos son los humanoides lógicos por excelencia, herederos de la lógica mecanicista de Le Verrier que condujo a la predicción del planeta Vulcano. Siendo un híbrido humano-vulcano, Spock encarna la batalla de la razón contra la emoción, una caricatura de las luchas entre el racionalismo de la Ilustración y la sensibilidad emotiva de los románticos de principios del siglo XIX. Curiosos y miopes, los humanos necesitamos ambos, salpicados de una alta dosis de humildad contra la arrogancia.

Lecciones de Marte

Mientras muchas miradas se volvían hacia el hipotético Vulcano, otras se volvían hacia Marte. En 1877, aprovechando la proximidad del planeta rojo, el astrónomo italiano Giovanni Schiaparelli observó estrías a lo largo de la superficie marciana, que describió en italiano como *canali*. Para algunos científicos, las largas depresiones que observó parecían patrones demasiado regulares para ser accidentes geológicos naturales. El entusiasmo no se hizo esperar. *Canali* se tradujo al inglés como *canals*, en lugar de canales, dando lugar a la.idea de que habían sido construidos artificialmente. Si los canales cruzaban la superficie marciana, debían ser producto de una ingeniería avanzada. El canal de Suez, la maravilla de la ingeniería de la época, fue completado en 1869, solo unos pocos años antes de las observaciones de Schiaparelli.

Se observaron y bautizaron cientos de canales marcianos, aunque sólo se vieran a través de telescopios, negándose a aparecer en fotografías tomadas con los mismos telescopios. Conocidos astrónomos argumentaron que las fotografías requieren de una prolongada exposición, lo que las hace más sensibles a los efectos borrosos de las fluctuaciones térmicas atmosféricas, como cuando se observa aire turbulento sobre el pavimento caliente. Llegaron a la conclusión de que las fluctuaciones borrarían los detalles más finos como los canales. ¿Podrían ser los canales obra de una civilización antigua y sabia, construidos para llevar agua desde los casquetes polares congelados a las resecas regiones ecuatoriales donde vivían seres extraterrestres?

Eso es lo que sugirió el financiero y astrónomo aficionado Percival Lowell en 1895, tras observar y cartografiar la superficie marciana desde su observatorio privado de Flagstaff (Arizona). Lowell publicó sus cuidadosos dibujos y especulaciones sobre la vida inteligente marciana en Marte, un libro que se convirtió en una sensación instantánea. Si los marcianos construían canales, eran inteligentes. Si los canales eran para transportar agua, su forma de vida se basaba en el agua. Si sucumbían a sequías masivas, necesitaban encontrar mundos mejores, abundantes en agua. Si podíamos verlos, ellos podían vernos. Si eran más antiguos que nosotros, su tecnología sería mucho más avanzada que la nuestra. Si podíamos atravesar la Tierra en nuestros barcos, máquinas de vapor y globos, ellos podrían despegar hacia el espacio en sus naves espaciales. Si la civilización occidental hubiera colonizado una fracción sustancial de nuestro planeta, «ellos» podrían venir a colonizarnos.

En 1897, sólo dos años después de que Lowell publicara su primer libro sobre Marte, se publicó por entregas *La guerra de los mundos*, de H.G. Wells, el primer clásico de ciencia ficción que imaginaba fantasías distópicas sobre una invasión marciana. Wells utilizó a los marcianos como metáfora del futuro de la humanidad, en ese momento controlado por imperios occidentales coexistentes que invadían los dominios de los demás. De la misma manera que la historia evolutiva ha demostrado que es improbable que las especies inteligentes coexistan de forma pacífica –y por inteligencia me refiero a la inteligencia humana, capaz de transformar materias primas en tecnologías transformadoras–, las crecientes tensiones entre imperios no podrían soportarse pacíficamente por mucho tiempo. Como en una profecía, sólo diecisiete años después de la publicación de *La guerra de los mundos*, los imperios occidentales estallaron en la Gran Guerra. En la novela, la ciencia marciana, mucho más avanzada que la nuestra, había creado horribles máquinas de destrucción masiva que hacían que nuestras armas parecieran juguetes infantiles. Lo que salvó a la humanidad no fue el heroísmo ni el ingenio humano, sino la fuerza indiscriminada de la evolución por selección natural: «Los marcianos –¡*muertos*!– asesinados por las bacterias de la putrefacción y la enfermedad contra las que sus sistemas no estaban preparados [...] aniquilados, después de que todos los dispositivos del hombre hubiesen fracasado, por la cosa más humilde que Dios, en su sabiduría, ha puesto en esta Tierra».[23]

La vida, según Wells, está adaptada de forma única a su entorno. No hay dos planetas iguales. No hay dos planetas que tengan las mismas propiedades físicas y químicas, la misma historia geológica, la misma secuencia de cataclismos y cambios planetarios, ya sean colisiones con otros cuerpos celestes o perturbaciones internas, como actividad volcánica masiva o cambios climáticos prolongados. Esto significa que, aunque supongamos que la vida comienza con los mismos ingredientes básicos en todas partes del Universo (como veremos en la tercera parte), no evolucionará igual en todas ellas. Sin duda, ciertos rasgos evolutivos, como la simetría bilateral –la simetría izquierda-derecha que comparten muchos animales de la Tierra y que optimiza la capacidad de ver y desplazarse–, pueden reaparecer en formas de vida extraterrestres. Pero si la vida surge y evoluciona en otros mundos, seguramente tendrá un aspecto diferente al de la vida terrestre. La cuestión fundamental, de momento muy abierta, es hasta qué punto.

Durante las décadas de 1960 y 1970, las sondas de la NASA de los programas Mariner y Viking fotografiaron la superficie marciana y no encontraron indicios de ningún canal a gran escala ni, para el caso, de ninguna civilización inteligente y tecnológicamente hábil, pasada o presente. Aunque para entonces la mayoría de los científicos lo sabían, en la cultura popular aún persistía el mito de los hombrecillos verdes de Marte. Después de los Mariner y Viking, quedó claro que «ellos» tendrían que venir de más lejos. Lo que sí encontraron las sondas, y que confirmaron varias misiones de seguimiento, incluidos los vehículos exploradores Spirit y Opportunity que estuvieron activos hasta 2010 y 2018, respectivamente, fue una rica historia geológica de un planeta que ahora es un desierto gélido surcado por vastos cañones de ríos secos, valles y enormes volcanes extintos. Olympus Mons, el mayor de todos los volcanes conocidos del sistema solar, tiene un diámetro comparable al del estado de Arizona. Con una elevación de dieciséis millas, es unas tres veces más alto que el monte Everest. Está claro que el joven Marte era un mundo diferente, con abundante agua y actividad geológica, y un clima más propicio para la vida. Muchos creen que la vida podría haber florecido allí durante un tiempo, sólo para ser extinguida por la aparición de condiciones insoportablemente duras. La atmósfera marciana se diluyó con el tiempo, exponiendo su superficie a la mortífera radiación ultravioleta solar, la misma que nos obliga a usar crema solar para proteger nuestra piel. A diferencia de nuestro planeta, donde la vida logró persistir durante al menos 3.500 millones de años, aunque a veces por los pelos, otros mundos pueden haber albergado vida durante periodos mucho más cortos. Para los mundos jóvenes, nacidos recientemente en regiones de formación estelar, la vida puede no haber tenido tiempo de surgir. Como veremos, a pesar de su resistencia, la vida necesita una serie de condiciones para florecer y perdurar en entornos difíciles.

Mientras escribo estas líneas, el vehículo explorador Perseverance de la NASA está trabajando duro, excavando en el suelo marciano en busca de signos de actividad biológica presente y pasada. ¿De qué tipo de actividad biológica se trataría? Eso no lo sabemos. El análisis de las muestras sigue pistas basadas en cómo entendemos la vida en la Tierra. Al fin y al cabo, la vida aquí es todo lo que sabemos de la vida en cualquier parte. El vehículo explorador «sigue el agua», es decir, deambula por el cráter Jezero, una región donde hubo agua en el pasado, para buscar compuestos orgánicos que apunten hacia la vida tal y como la conocemos.

La curiosidad nos hace avanzar y la miopía nos frena. Así se desarrolla el drama de querer saber. Pero los humanos somos un grupo persistente y resistente, y seguimos avanzando. Como escribió Tom Stoppard en *Arcadia*: «Es querer saber lo que nos hace importantes».

La vida puede sorprendernos y, probablemente, lo hará. Pero debemos empezar por algún sitio, y el punto de partida obvio es utilizar lo que sabemos de la vida aquí para buscar vida en otros lugares. Si encontramos vida en otra parte, y es similar en genética y morfología a la vida terrestre, aprenderemos algo. Si es diferente, aprenderemos algo. Y si no la encontramos, también aprenderemos algo, aunque siempre debemos tener mucho cuidado con el razonamiento inductivo cuando sacamos conclusiones tanto de las pruebas encontradas como de las ausentes. De hecho, si nuestras misiones actuales y futuras no encuentran vida en Marte –pasada o presente–, no significa que no haya o no haya habido vida en Marte. Esa sería una conclusión con una finalidad que nuestras limitadas pruebas recogidas no justificarían. Podríamos haber estado buscando en los lugares equivocados o con la mentalidad equivocada. Un planeta es un lugar grande, y nuestras herramientas de exploración tienen un alcance y una precisión limitados; también están necesariamente adaptadas a la búsqueda de vida tal y como la conocemos. Sin embargo, es realmente extraordinario vivir en una época en la que podemos enviar una sonda a excavar en el suelo de otro planeta en busca de vida y, finalmente, enviar muestras a la Tierra para su estudio.[24]

Lecciones de nuestro sistema solar: mundos maravillosos y misteriosos

Sin embargo, hay una lección más profunda que debemos aprender, y no se trata de la vida en otros lugares. La lección es sobre la vida aquí. Los últimos sesenta años de exploración espacial han cambiado la forma en que entendemos nuestro vecindario solar. Hemos explorado todos los planetas del sistema solar y muchas de sus asombrosas y extrañas lunas. Aunque hasta ahora sólo hemos aterrizado en la Luna, Marte, Venus y Titán (y en algunos asteroides y cometas), hemos enviado sondas que sobrevuelan todos los planetas. La lista incluye incluso al lejano Plutón, ahora etiquetado como «planeta enano». ¿Por qué un planeta enano y no sólo un planeta? Porque Plutón no limpió los restos acumulados a lo largo de su órbita durante su formación, como deben hacer los mundos actualmente definidos como planetas. De hecho, Plutón encaja mejor con la descripción de un gran miembro del cinturón de Kuiper, una región atípica más allá de la órbita de Neptuno formada por bolas de hielo helado y polvoriento que quedaron tras la formación del sistema solar hace 4.500 millones de años. Si Plutón hubiera acumulado gran parte de estos restos al girar alrededor del Sol, encajaría mejor en la descripción de «planeta».[25]

Cada planeta es su propio mundo, con propiedades muy particulares. Lo vemos fácilmente en nuestro sistema solar, comparando, por ejemplo, el infernal Venus con el gélido Marte y, de forma aún más dramática, con el gigante gaseoso helado Saturno. La variedad es tan asombrosa que los astrónomos hablan ahora de planetología comparada, una subdisciplina dedicada a comparar y catalogar los distintos tipos de mundos y sus propiedades. Herschel, como hemos visto, fue bastante clarividente cuando consideró los cielos «un jardín que contiene la mayor variedad de producciones». Esta es la era de la botánica celeste. Esperamos que la mayoría de las estrellas de una galaxia tengan al menos un planeta, probablemente más. Dado que en la Vía Láctea hay entre cien mil y cuatrocientos mil millones de estrellas, nuestra galaxia por sí sola debería tener cientos de miles de millones, quizás más de un billón (10^{12}: un uno seguido de doce ceros) de planetas. Si añadimos las lunas, muchas de las cuales también podrían albergar vida, el número de mundos asciende a varios billones.[26] No hay más que pensar: sólo Júpiter tiene setenta y nueve lunas en el momento de escribir estas líneas (el número sigue aumentando). Eso supone mil billones de mundos o más sólo en nuestra galaxia, cada uno de ellos con su propia historia y propiedades geofísicas, su propia composición interior, con o sin atmósfera, con o sin campo magnético, rocosos como la Tierra o gaseosos como Júpiter. Hay planetas sin luna, o con una, dos o decenas de lunas. Hay planetas y lunas con volcanes y géiseres activos, agua superficial o subsuperficial, y nubes que generan enormes tormentas y huracanes. Hay mundos completamente estériles y, quizás, como muchos esperan, mundos rebosantes de vida.

En términos generales, los planetas pueden ser rocosos o gaseosos, y los mundos rocosos normalmente orbitan más cerca de sus estrellas anfitrionas. Digo «normalmente» porque se han observado miles de gigantes gaseosos orbitando muy cerca de sus estrellas anfitrionas. Cuando nacen las estrellas y sus planetas, la radiación caliente de la estrella anfitriona expulsa los materiales gaseosos volátiles de los planetas que están más cerca, lo que explica por qué los planetas rocosos como la Tierra tienden a trazar órbitas más estrechas alrededor de sus estrellas. Al menos en nuestro sistema solar, los cuatro planetas rocosos –Mercurio, Venus, la Tierra y Marte– son los que orbitan más cerca del Sol. Los planetas gaseosos –Júpiter Saturno, Urano y Neptuno– están más alejados. El límite entre los mundos rocosos y gaseosos es el cinturón de asteroides entre Marte y Júpiter, un conjunto de asteroides rocosos que nunca se fusionaron en un planeta o una luna, un montón de restos de materia de planetas. Pero a diferencia de muchas películas de ciencia ficción o videojuegos, los asteroides del cinturón no forman una loca carrera de obstáculos: si se juntaran en un solo mundo, su masa conjunta sería aproximadamente equivalente a la mitad de la masa de nuestra Luna.

Todo esto parece tener sentido, salvo que la realidad es mucho más matizada y fascinante. No sabemos hasta qué punto nuestro sistema solar es típico. ¿Qué es «típico» en este contexto? Para definir la tipicidad, necesitamos grandes cantidades de datos. Al comparar los miembros de una muestra de datos, «típico» es lo que se aproxima a la media. Para disponer de datos justos que nos permitan decidir si algo es típico (o anómalo), necesitamos un conjunto de datos imparciales, o casi imparciales.

Es decir, necesitamos poder recopilar datos que no dirijan la muestra hacia un extremo de lo posible, en detrimento de otras posibilidades. Por ejemplo, si queremos calcular la esperanza de vida media de los seres humanos, no debemos recoger datos sólo de Asia. Se necesita una muestra equitativa que abarque un número de países de todo el mundo. Así se podrán comparar diferentes subgrupos (diferentes géneros, asiáticos con europeos o con sudamericanos, etc.). Para disponer de un conjunto de datos de muestreo equitativo se necesita un amplio acceso a los datos. Eso es mucho más fácil de conseguir en el caso de los humanos en la Tierra que en el caso de otros sistemas solares que están a docenas, cientos o miles de años luz.

El razonamiento inductivo y la tipicidad se juntan a menudo, a veces por descuido. La frase «todos los cisnes son blancos», como hemos visto, fue el resultado de un razonamiento inductivo sesgado debido a un muestreo limitado. Los cisnes europeos no son una muestra representativa de los cisnes que existen en el mundo, sólo de los cisnes nativos de Europa.

Todo lo que podemos decir con confianza a partir de datos recogidos sólo en Europa es que un cisne típico nativo de Europa es blanco, pero no podemos decir que en la Tierra un cisne típico sea blanco.

Ahora podemos volver a una discusión anterior y utilizar un razonamiento similar para criticar una de las interpretaciones erróneas del copernicanismo, la afirmación de que la Tierra es un planeta «típico». La propuesta de Copérnico de desplazar la Tierra del centro del sistema solar no hacía (ni podía hacer) ninguna afirmación sobre si la Tierra era o no un planeta «típico». Todo lo que Copérnico hizo, y correctamente por supuesto, fue proponer que la Tierra es un planeta. No había nada en su propuesta que añadiera «típico» a la Tierra como planeta; de hecho, la tipicidad no puede definirse en nuestro sistema solar. No hay suficientes planetas rocosos o gaseosos para definir lo que es típico. Si limitáramos nuestra comparación a los subconjuntos de planetas rocosos o gaseosos, veríamos claramente que ninguno de los cuatro planetas rocosos puede definirse como típico dado que son muy diferentes entre sí; lo mismo ocurre con los cuatro planetas gaseosos. Por tanto, si se insiste en definir un planeta típico, se necesitaría una gran muestra de planetas orbitando otras estrellas. E incluso entonces, las estrellas son diferentes. Tienen diferentes tamaños, masas, temperaturas superficiales y de radiación. Estrellas diferentes afectan a los planetas de forma diferente. Por tanto, una comparación justa entre planetas podría limitarse a planetas que orbitan alrededor del mismo tipo de estrella (más sobre esto en breve), o a planetas que orbitan dentro de lo que definimos como la *zona habitable* de una estrella.

En términos generales, la zona habitable de una estrella es la región en forma de cinturón alrededor de la estrella que delimita el área en la que un planeta podría tener agua líquida en su superficie.[27] En resumen, un planeta en la zona habitable es un huésped potencial para la vida. Esta zona se denomina a veces la zona «Ricitos de Oro», donde la superficie planetaria no está demasiado caliente para que el agua se evapore ni demasiado fría para que se congele. Aunque las zonas habitables son un primer paso útil en la búsqueda de mundos rocosos acuáticos, definir las zonas habitables es una tarea complicada. Entran en juego muchas sutilezas, desde la posición de la estrella anfitriona en la galaxia –un concepto de zona habitable galáctica– a detalles de la composición química y atmosférica del planeta, hasta si el agua superficial es un factor decisivo para la vida (no lo es).

Por ejemplo, un planeta puede estar en la zona habitable de su estrella anfitriona, pero estar expuesto a demasiada radiación (por ejemplo, de supernovas cercanas) o tener una química poco propicia para la vida. O, como en el caso de Europa, la luna de Júpiter, que está lejos de la zona habitable del Sol, puede haber agua líquida oculta bajo una corteza helada de unos tres o cuatro kilómetros de grosor. El consenso actual es que el núcleo rocoso y rico en hierro de Europa está rodeado por una capa de agua de unos 100 kilómetros de profundidad. Se trata de un océano diez veces más profundo que las fosas más profundas de nuestros océanos y con al menos el doble de volumen de agua que todos los océanos terrestres juntos. Lo que hace líquida el agua del subsuelo de Europa no es el calor del Sol, sino la atracción gravitatoria de Júpiter, que es tan intensa que flexiona el interior de la luna como plastilina a medida que se desplaza por su órbita elíptica, transformando a Io, la luna más cercana a Júpiter, que tiene al menos cuatrocientos volcanes activos, con un calentamiento de marea extremo que la convierte en el cuerpo geológicamente más activo del sistema solar. En el caso de Io, el océano subsuperficial es una mezcla de roca sólida y fundida que burbujea incesantemente hacia la superficie para aliviar la presión subterránea. La primera vez que vi imágenes de la sonda espacial Galileo de la torturada superficie de Io cubierta de campos de lava y volcanes en erupción, no pude evitar recordar los dibujos de uno de los mundos volcánicos de *El principito*. Definitivamente, la realidad supera a la ficción.

Aventurándonos desde el sistema lunar de Júpiter al de Saturno, encontramos otra maravilla de travesura geológica, Encélado, la sexta luna más grande de las ochenta y tres lunas conocidas de Saturno (sólo sesenta y tres confirmadas en el momento de escribir estas líneas). William Herschel descubrió Encélado el 28 de agosto de 1789 con su flamante telescopio de doce metros, sin tener ni idea de las muchas maravillas que este nuevo miembro del jardín celeste ocultaba a los lejanos ojos humanos. En 2005, la sonda Cassini de la NASA voló lo suficientemente cerca como para recoger muestras de materiales que brotaban de la superficie de Encélado. Al igual que la luna Europa de Júpiter, Encélado se calienta por las mareas al orbitar Saturno, y tiene un interior lo bastante caliente como para alimentar una espectacular actividad volcánica y géiseres. Un polo norte con cráteres y relativamente tranquilo contrasta con un polo sur hiperactivo donde al menos un centenar de «criovolcanes» lanzan chorros de vapor de agua, cristales de sal (cloruro sódico), amoníaco, partículas de hielo y otros materiales sólidos a un ritmo de unos 200 kilos por segundo. Una parte cae a la superficie como una especie de nieve, mientras que el resto conforma uno de los anillos de Saturno, conocido como anillo E, una amplia estructura que se extiende unos 19.000 kilómetros entre las lunas Mimas y Titán, la más grande de Saturno.[28] La materia del interior de Encélado regresa a otros mundos, encarnando la visión alquímica de Newton sobre la muerte y el renacimiento en el cosmos.[29]

Para añadir a las notables propiedades de Encélado, los científicos conjeturan que, como Europa, también esconde un océano subterráneo, una bolsa de agua rica en metano con una profundidad de entre veinticinco y treinta kilómetros, unas cuatro veces más profundo que nuestros océanos terrestres. Además, como de los criovolcanes sale agua salada, este océano subsuperficial es probablemente salado con compuestos orgánicos simples añadidos, lo que sugiere la posibilidad de que contenga algunos de los componentes básicos para la vida. La combinación de un océano subsuperficial salado, un ciclo hidrotermal activo que resulta en actividad volcánica y la circulación de materiales, así como la presencia de amoníaco y compuestos orgánicos complejos, hacen de Encélado un objetivo primordial para estudiar un entorno alienígena potencialmente propicio para la vida. Recientemente se han propuesto varias misiones para buscar rastros de actividad biológica en este extraño mundo.

Aquí, en la Tierra, antiguos microorganismos que se remontan a los primeros rastros de vida hace más de tres mil millones de años combinaban hidrógeno y dióxido de carbono para obtener energía, generando metano como subproducto. Los científicos creen actualmente que esta reacción, conocida como *metanogénesis*, está en la raíz del árbol de la vida en la Tierra. Encélado parece tener los ingredientes adecuados para que microorganismos similares hayan surgido allí. Aunque sólo lo sabremos mirando –y esperemos que pronto se financien misiones de exploración para que nuestros curiosos y miopes ojos humanos puedan investigar este mundo frío–, la posibilidad es ciertamente tentadora.

Pero aunque busquemos y no encontremos rastros de vida microscópica ni en Europa ni en Encélado, ni en ningún otro mundo de nuestro sistema solar, ya están claras dos lecciones: en primer lugar, que nuestro mundo, lejos de ser un planeta «típico», es la verdadera maravilla del sistema solar, con una biosfera floreciente repleta de criaturas de asombrosa variedad de funciones y formas; y segunda, si los mundos en nuestro vecindario solar son tan diversos, imaginemos qué maravillas nos esperan cuando nos aventuremos más allá, a la lejana selva de otras estrellas y sus mundos en órbita.

Cómo encontrar nuevos mundos 1: buscar estrellas

Al ir más allá del sistema solar nos encontramos con dos grandes obstáculos. El primero es la enorme distancia entre las estrellas. Como estimación, el viaje a Alfa Centauri, el sistema estelar más cercano, a 4,37 años luz del Sol, llevaría a nuestras naves más rápidas unos cien mil años. Obviamente no podemos enviar sondas allí para obtener información útil. El segundo obstáculo es que nuestros telescopios actuales no pueden detectar de manera directa planetas en órbita alrededor de otras estrellas. Para estudiar los exoplanetas, necesitamos diferentes enfoques que puedan revelar algunas propiedades de estos mundos distantes. En las últimas décadas, el ingenio y los avances tecnológicos nos han permitido explorar miles de estos mundos; y las noticias son realmente espectaculares.

Después de siglos de especulación, ahora sabemos que los planetas están orbitando casi todas las estrellas de nuestra galaxia. Deberíamos revisar las asombrosas cifras de nuevo. Se estima que hay entre cien mil y cuatrocientos mil millones de estrellas en la Vía Láctea. Si cada estrella tiene una media de uno a cinco planetas, los números oscilan entre cien mil millones y dos billones de exoplanetas. Y luego están las lunas, que, como hemos aprendido de nuestro propio sistema solar, sin duda esconden sorpresas asombrosas. Incluyendo planetas y lunas, podemos estimar cómodamente que hay trillones de mundos sólo en nuestra galaxia, cada uno diferente, cada uno con su propia historia, propiedades geofísicas y composición. El jardín celeste de Herschel ha superado con creces las expectativas de todos.

¿Qué clase de mundos son? ¿Cuántos son similares a la Tierra? ¿Cuántos pueden albergar vida? ¿Cuántos lo hacen? ¿Es nuestro sistema solar «típico» o somos nosotros, especialmente la Tierra, el mundo extraño que late con vida en un Universo muerto? En las próximas décadas deberíamos ser capaces de responder a la mayoría de estas preguntas, si no a todas. Pero yo diría que ya hemos aprendido lo suficiente para situar la Tierra al menos como una exuberante rareza entre los planetas. No podemos decir con certeza hasta qué punto somos únicos como civilización tecnológicamente avanzada en el cosmos; sin embargo, podemos afirmar que si hay otros, han sido bastante tímidos a la hora de establecer contacto. Tal vez sufran obstáculos tecnológicos similares para llegar a nosotros. En cualquier caso, y este es un punto central para nosotros, lo que hemos aprendido sobre la vida en nuestro planeta y el sistema solar es suficiente para realinear nuestro pensamiento sobre quiénes somos en el Universo y por qué tenemos un papel protagonista en el desarrollo de la narrativa cosmológica.

Este protagonismo cósmico de la humanidad no se debe a la sentencia atribuida al filósofo griego presocrático Protágoras de Abdera, que proclamó que «el hombre es la medida de todas las cosas», ya que ciertamente no lo somos. Sin embargo, somos las cosas que se pueden medir. Si hay algo especial en nuestra especie no es que cada uno de nosotros sea capaz de decidir qué es la verdad, como creía Protágoras (una posición que Platón detestaba, ya que implicaba un relativismo que hacía imposible la verdad última de la realidad), sino que somos seres sensibles capaces de construir dispositivos que pueden ampliar nuestra visión de la realidad, permitiéndonos descubrir nuestro lugar entre las estrellas.

La historia de cómo los astrónomos modernos descubrieron nuevos mundos más allá de nuestro sistema solar se ha relatado en muchos libros excelentes.[30] Para nosotros, basta con repasar brevemente los métodos utilizados y lo que hemos aprendido hasta ahora sobre los exoplanetas y sus propiedades.

Comenzamos por los tipos de estrellas que existen y si sus planetas en órbita pueden albergar vida. Hay siete tipos de estrellas que brillan por la fusión de hidrógeno en helio en sus núcleos. Las diferencias tienen que ver con el tamaño de la estrella (su masa comparada con la del Sol) y la eficacia con la que quema su combustible. Van desde las gigantes que tienen masas sesenta veces mayores que el Sol (llamadas estrellas de tipo O, o supergigantes azules) hasta las estrellas más pequeñas, conocidas como estrellas de tipo M –o enanas rojas–, con aproximadamente una quinta parte de la masa del Sol.[31] Obsérvese el «azul» y el «rojo» que acompañan a los nombres de los dos tipos extremos de estrellas. El azul indica una temperatura superficial muy alta, y el rojo, una temperatura superficial baja.[32] La regla general es que, cuanto más masiva es una estrella, más caliente es. Su mayor gravedad aprieta con más fuerza la materia de su núcleo, aumentando la eficacia del proceso de fusión. Las estrellas se autocanibalizan para luchar contra la inexorable atracción de la gravedad que intenta implosionarlas. Cuanto más se resisten, más brillan.

La temperatura de una estrella es importante para encontrar vida en los planetas o lunas que la orbitan. Si una estrella está demasiado caliente, emitirá demasiada radiación, incluidos los mortales rayos ultravioleta. Por tanto, los planetas con órbitas demasiado cercanas a este tipo de estrellas no tendrían ninguna posibilidad de albergar vida. Las estrellas calientes tienen una zona habitable lejana. Cuanto más caliente es la estrella, más lejana es la zona habitable. A menos, por supuesto, que la vida esté bajo la superficie y, por tanto, protegida de los rayos mortales. Hemos discutido esta posibilidad con Europa y Encélado y sus enormes océanos ocultos bajo una corteza de hielo.

También está el problema de la longevidad de la estrella. Cuanto más masiva es la estrella, más corta es su vida. Las estrellas de tipo O tienen una esperanza de vida de tan sólo quinientos mil años, insuficiente para que surja y florezca la vida, como veremos. Con sus enormes masas que aceleran el proceso de fusión nuclear en sus núcleos, las de tipo O brillan más y mueren más jóvenes. En el juego de la vida, las estrellas tienen una clara ventaja.

Como ya hemos dicho, del tipo O al tipo M, hay siete tipos de estrellas. Por orden de masa (y temperatura), de la más pesada (la más caliente) a la más ligera (la más fría), la secuencia es O-B-A-F-G-K-M. Memorizamos esto con una mnemotecnia de tiempos menos políticamente correctos en astronomía: O Be A Fine Girl Kiss Me (Sé una buena chica y bésame). La siguiente tabla resume las diversas propiedades estelares, cada una de ellas con implicaciones directas en la búsqueda de vida en los planetas y lunas en órbita.[33]

Estrella Tipo	Porcentaje En la galaxia	Superficie Temperatura (ºC)	Luminosidad (Unidades solares)	Masa (Unidades solares)	Vida útil (Años)
O	0,001%	50.000	1.000.000	60	500.000
B	0,1%	15.000	1.000	6	50 millones
A	1%	8.000	20	2	1.000 millones
F	2%	6.500	7	1,5	2.000 millones
G (Sol)	7%	5.500	1	1	10.000 millones
K	15%	4.000	0,3	0,7	20.000 millones
M	75%	3.000	0,003	0,2	600.000 millones

Dediquemos algún tiempo a repasar esta tabla porque conocer los tipos de estrellas es esencial para buscar vida en sus vecindarios. «Unidades solares» significa en comparación con el Sol. Por ejemplo, una estrella de tipo B con seis unidades de masa solar tiene una masa seis veces la del Sol. Nuestro Sol es una estrella de tipo G. La primera columna, «Tipo de estrella», enumera los siete tipos diferentes. La segunda columna, «Porcentaje en la galaxia», da el porcentaje aproximado de estrellas de ese tipo en la Vía Láctea. Vemos que las estrellas de tipo O son extremadamente raras, sólo una entre cien mil. Las estrellas como nuestro Sol son sólo el 7% del total. Con diferencia, el tipo de estrella más abundante es M, la friolera del 75%. Tres de cada cuatro estrellas en la galaxia son del tipo M, las pequeñas enanas rojas frías. Sin embargo, hay que tener en cuenta que hay al menos cien mil millones de estrellas en la galaxia; así que, aunque las estrellas de tipo O son mucho más raras, todavía hay alrededor de un millón de ellas por ahí.

La tabla también muestra la temperatura superficial, la luminosidad y la masa de cada tipo de estrella. La luminosidad de una estrella mide cuánta radiación, visible y no visible, emite por segundo. Hay un gran cambio al pasar de la parte superior (tipo O) a la inferior (tipo M), de estrellas muy calientes y brillantes a estrellas muy frías y tenues, en comparación con el Sol. La vida, tal y como la conocemos, necesita calor y sólo puede crecer y reproducirse dentro de un rango de temperatura muy estrecho. Aunque incluyamos formas de vida exóticas llamadas extremófilas, capaces de sobrevivir a temperaturas superiores a la ebullición del agua y al frío extremo, el rango se sitúa entre -15 °C y 122 °C (5 °F y 251,6 °F).[34] Este rango es importante a la hora de determinar la zona habitable para un tipo de estrella, es decir, la región donde la vida sería posible en la superficie. Queda claro que las estrellas de tipo O tienen zonas habitables muy alejadas, mientras que las de tipo M tienen zonas habitables bastante cercanas. Esto significa que los planetas que orbitan cerca de estrellas de tipo O, B y A tienen pocas posibilidades de albergar vida (demasiado calor y radiación). Lo mismo ocurre con los planetas que orbitan demasiado lejos de estrellas de los tipos K y M (demasiado fríos).

La última columna de la tabla muestra la vida de los distintos tipos de estrellas en años. La longevidad de una estrella está profundamente relacionada con la posibilidad de vida en uno de sus mundos orbitantes. Recordemos que las estrellas calientes masivas tienen vidas cortas, mientras que las estrellas más frías viven mucho más tiempo. A título comparativo, nuestro Universo existe desde hace 13.800 millones de años, el tiempo transcurrido desde el Big Bang.

El Sol tiene unos 5.000 millones de años, por lo que es una estrella de tipo G de mediana edad. Dentro de unos 5.000 millones de años, se convertirá en una gigante roja que se tragará a Mercurio y Venus y acabará con la vida en la Tierra si es que aún existe.

La estrella anfitriona determina la posibilidad y la duración de la vida en sus planetas y lunas orbitantes. La vida tarda en surgir y diseminarse por un planeta, ya que no sólo requiere la química adecuada, sino también un entorno relativamente tranquilo para reproducirse y extenderse. En la Tierra, el único ejemplo que conocemos, la vida tardó al menos quinientos millones de años en surgir y extenderse por la superficie. Las estimaciones más conservadoras y fiables sitúan el origen de la vida mil millones de años después de la formación de la Tierra.[35] Si la vida surgió antes, la intensa actividad volcánica, combinada con las incesantes y devastadoras colisiones con asteroides y cometas, crearon un entorno prohibitivo para que la vida proliferase.

Aun así, la vida podría haber tenido muchos intentos fallidos de surgir en la Tierra antes de que finalmente consiguiera afianzarse y extenderse hace unos 3.500 millones de años (o posiblemente antes). Es muy difícil determinar si este es el caso. Dado que la memoria del pasado de la Tierra está registrada en las rocas, sabemos muy poco de la primera infancia de nuestro planeta. Al igual que no tenemos recuerdos detallados de nuestra infancia, debido a la falta de sustrato neuronal a largo plazo antes de cierta edad (unos tres años), la infancia de nuestro planeta se pierde en las rocas que se agitaron y fundieron varias veces antes de solidificarse en una corteza. Por desgracia, en los primeros días de la vida no había padres que grabaran vídeos o tomaran fotografías. Los orígenes y los primeros pasos de la vida se pierden en sombras incognoscibles.

Cómo encontrar nuevos mundos 2: buscar planetas

Una vez determinado qué estrellas son las más prometedoras para albergar planetas capaces de acoger vida, el siguiente paso es encontrar planetas que orbiten alrededor de ellas. Aquí es donde las cosas se complican. Si has vivido bajo una estrella toda tu vida, sabes que las estrellas son muy brillantes. Los planetas y las lunas, en cambio, son mucho más pequeños que sus estrellas anfitrionas y sólo brillan porque reflejan la luz de la estrella. Para hacerlo todo aún más difícil, las estrellas están extremadamente lejos. Se ven, como sabemos, como pequeños puntos de luz tenues. Los planetas que orbitan a su alrededor son mucho más débiles. Esto significa que ni siquiera los mayores telescopios actuales pueden captar con la resolución necesaria los planetas que orbitan alrededor de otras estrellas.[36]

Por estas razones, los astrónomos necesitan técnicas diferentes para encontrar exoplanetas. Por suerte, los planetas afectan a sus estrellas de formas sutiles que podemos medir. Imagina que vas de excursión con un amigo. Él es un excursionista rápido y va muy por delante de ti. En un momento dado, tu amigo empieza a dar manotazos frenéticamente a algo. No puedes ver lo que le aflige, pero sabes por sus movimientos que está siendo atacado por algo diminuto y molesto. Deduces que las moscas son las culpables y te pones de inmediato la malla facial. También sabes que cuanto más frenético es el manotazo, más cerca están las moscas de su cara.

Las estrellas no son atacadas por sus planetas, pero reaccionan a su presencia al menos de dos maneras: en primer lugar, los planetas tiran de ellas gravitacionalmente haciendo que se tambaleen; y segundo, un planeta bloquea una pequeña fracción de la luz de la estrella cuando pasa por delante de ella. Cuanto más grande es el planeta y más cerca está de la estrella, mayores son estos efectos. Por tanto, en lugar de intentar obtener imágenes directas del planeta, medimos los efectos de los planetas en sus estrellas anfitrionas, ya sea haciendo que se tambaleen (*método de la velocidad radial [o Doppler]*), o bien atenuando su luz (*método del tránsito*). A continuación volvemos hacia atrás para deducir los tipos de planetas que podrían causar tales efectos en sus estrellas anfitrionas. Estas técnicas de imagen indirecta requieren una precisión y un cuidado increíbles, pero funcionan, y fenomenalmente bien.

Técnica 1: método de velocidad radial (o Doppler)

La primera técnica utiliza el hecho de que las estrellas se tambalean, muy sutilmente, pero se tambalean. Pueden parecer fijas a nuestros ojos humanos, pero con telescopios potentes podemos captar su tímido baile. La gravedad es un tira y afloja entre dos o más cuerpos con masa. Aunque una estrella tenga mucha más masa que un planeta, seguirá sintiendo y reaccionando a la atracción de este (de hecho, tiran el uno del otro de la misma manera, como nos dice la tercera ley del movimiento de Newton: la ley de acción y reacción). El concepto importante aquí es el centro de masa. Si dos cuerpos tienen la misma masa, el centro de masa de este sistema de dos cuerpos está exactamente en el punto medio entre los dos. Alguien sentado en este punto medio no se sentirá atraído en ninguna dirección, ya que las fuerzas opuestas se anulan mutuamente. Si los dos cuerpos giran uno alrededor del otro, girarán alrededor de este punto medio. Cuanto más masivo sea uno de los dos cuerpos, más cerca estará de él el centro de masa. Cuando un cuerpo es mucho más masivo que el otro, como una estrella y un planeta, el centro de masa está casi en el centro del cuerpo más masivo, pero no exactamente.

Por ejemplo, el Sol es unas mil veces más masivo que Júpiter. Si nos olvidamos de todos los demás planetas del sistema solar (una buena primera aproximación, ya que Júpiter es, con diferencia, el planeta más masivo), el centro de masa del sistema Sol-Júpiter se encuentra a una milésima parte de la distancia Sol-Júpiter, un punto situado justo fuera de la superficie solar. Tanto Júpiter como el Sol completan una órbita alrededor de este punto del centro de masa en unos doce años. Es una órbita grande para Júpiter y pequeña para el Sol, pero el Sol se tambalea. Un astrónomo extraterrestre que observara nuestro sistema solar desde muy lejos podría detectar la existencia de Júpiter y determinar su masa con sólo examinar cómo se mueve el Sol. No hace falta encontrar Júpiter. Añadir otros planetas complicará la forma del movimiento de bamboleo, pero la física es la misma. Con paciencia y mediciones precisas, es posible deducir la existencia y las masas de todos los planetas del sistema solar con sólo observar el baile del Sol. Por supuesto, con ocho planetas la cosa se complica mucho, pero es posible.

En la práctica, lo que observan los astrónomos no es realmente la danza bamboleante de la estrella, sino cómo varía su luz al moverse alrededor del centro de masa. Cuando una fuente de luz se acerca o se aleja de nosotros (o cuando nosotros nos acercamos o alejamos de una fuente de luz), su luz cambia. Este extraordinario efecto es absolutamente esencial en astronomía, ya que permite a los astrónomos medir la velocidad a la que las cosas se alejan o se acercan a nosotros, desde el bamboleo de las estrellas hasta la expansión del Universo (medimos el componente de la velocidad de bamboleo en nuestra dirección, conocido como velocidad radial, de ahí el nombre de método de la *velocidad radial*).

La idea de que el movimiento afecta a las ondas fue demostrada mediante ondas sonoras por el físico austriaco Christian Doppler en 1842. La mayoría de la gente está familiarizada con este efecto. Cuando uno está en una acera y pasa una ambulancia haciendo sonar su sirena, se da cuenta de que a medida que la ambulancia se acerca, el tono de la sirena aumenta, y a medida que se aleja de ti, el tono disminuye. Lo mismo ocurre con los coches, camiones y trenes que tocan el claxon. Como todavía no había coches en la década de 1840, el meteorólogo C.H.D. Buys Ballot probó el efecto Doppler en 1845 colocando a unos músicos en un tren y pidiéndoles que tocaran la misma nota, sol. Buys Ballot y un grupo de expertos musicales se colocaron a lo largo de las vías para discernir los sutiles cambios de tono. El tren pasaba a máxima velocidad mientras los músicos tocaban juntos la misma nota. Los expertos le decían a Doppler cómo cambiaba el tono al paso del tren. Buys Ballot verificó la fórmula de Doppler describiendo cómo cambiaba la frecuencia de la nota con la velocidad del tren. Debió de ser un experimento divertido de presenciar.

Lo mismo ocurre con las ondas luminosas. Las ondas en este sentido no son olas que rompen en la playa, sino ondas como las que vemos cuando se tira una piedra a un lago. La distancia entre las crestas de las ondas se llama longitud de onda. Las longitudes de onda largas significan olas cuyas crestas están muy separadas, mientras que las longitudes de onda cortas significan ondas con crestas más cercanas entre sí. La frecuencia de una onda es simplemente el número de crestas de onda que pasan por un punto en un segundo. Así, si dos crestas de onda pasan junto a ti en un segundo, la onda tiene una frecuencia de dos ciclos por segundo, o dos hercios. Cuando escuchas la radio y el locutor dice: «Radio River, noventa y ocho megahercios», significa que esa emisora emite utilizando ondas de radio con una frecuencia de noventa y ocho millones de ciclos por segundo, o noventa y ocho megahercios (MHz).

Siempre que pienso en ondas, me vienen recuerdos de mi padre tocando su querido acordeón, un viejo Scandalli que había pertenecido a mi familia durante generaciones. Yo no tenía entonces más de cinco años y observaba maravillado cómo mi padre tocaba aquel extraño artilugio, golpeando el suelo con los pies para marcar el tempo. Cuando abría y cerraba los brazos al ritmo de una canción, los fuelles se expandían y contraían, como olas. Nunca habría imaginado entonces que la mágica forma de hacer música de mi padre algún día me ayudaría a comprender la física de las estrellas.

El efecto Doppler demostró que cuando la fuente de ondas luminosas (ya sea un láser o una estrella) se mueve hacia ti, las ondas se «comprimen» en la dirección del movimiento, y esta compresión implica longitudes de onda más cortas y, por tanto, frecuencias más altas. Cuando la fuente de luz se aleja, las ondas se estiran a frecuencias más bajas. Por eso el efecto Doppler es tan importante para la astronomía. Nos dice si un objeto celeste –sea una estrella, una galaxia o un cúmulo de galaxias– se acerca o se aleja de nosotros y a qué velocidad. Si se acerca, la luz se desplaza hacia el azul; si se aleja, la luz se desplaza hacia el rojo.[37]

Los telescopios terrestres y espaciales, como el Hubble y ahora el James Webb, escudriñan el cielo en busca de estrellas con una sucesión rítmica mensurable de desplazamientos hacia el azul y hacia el rojo, acercándose y alejándose de nosotros. Una vez que encuentran una candidata, el patrón repetitivo de luz azul-roja-azul se rastrea cuidadosamente para estimar las masas y distancias de los planetas desde su estrella anfitriona. Por supuesto, cuanto más masivos son los planetas y más cerca están de su estrella anfitriona, más se tambalea esta. En consecuencia, este método funciona mejor con planetas muy masivos que orbitan cerca de sus estrellas anfitrionas, ya que entonces provocarán un bamboleo más notable y, por tanto, un desplazamiento Doppler más perceptible. Este desplazamiento de la luz de la estrella se traduce entonces en un desplazamiento de la velocidad de la estrella a medida que se mueve hacia delante y hacia atrás en torno al centro de masa.[38]

En 1995, se descubrió un planeta en órbita alrededor de la estrella 51 Pegasi midiendo el bamboleo rítmico de la estrella que se repetía cada cuatro días con una velocidad de unos 187 pies por segundo. Fue el primer exoplaneta hallado orbitando una estrella similar al Sol mediante el método Doppler (51 Pegasi es una estrella de tipo G con temperatura y luminosidad similares a las de nuestro Sol). Los astrónomos suizos Michel Mayor y Didier Queloz ganaron el Premio Nobel de Física 2019 por este notable descubrimiento. El planeta, ahora llamado Dimidium, es conocido como un *Júpiter caliente*, un gigante gaseoso que orbita muy cerca de su estrella anfitriona. Para sorpresa de todos, Dimidium orbita 51 Pegasi más cerca que Mercurio de nuestro Sol. Como puede imaginarse, este resultado causó una enorme expectación en la comunidad astronómica no sólo por ser el primer descubrimiento de un exoplaneta utilizando el método Doppler, sino por obligarnos a replantearnos cómo son los sistemas planetarios. Nadie habría imaginado que los planetas gigantes gaseosos pudieran orbitar tan cerca de sus estrellas anfitrionas. En cambio, la órbita de Júpiter alrededor del Sol dura aproximadamente doce años. ¡Compara eso con la de Dimidium, que dura cuatro días!

Este descubrimiento nos lleva a preguntarnos: ¿es nuestro sistema solar –con los planetas gigantes gaseosos orbitando a mayor distancia del Sol– la regla o la excepción? Volvemos a la noción de tipicidad, pero ahora con nuestro sistema solar en el centro de la escena. ¿Cómo de típico es nuestro sistema solar entre los cientos de miles de millones de sistemas planetarios de nuestra galaxia?

El descubrimiento de otros sistemas planetarios con planetas gigantes orbitando cerca de su estrella anfitriona significa que es una estrategia peligrosa (e incorrecta) utilizar el pensamiento inductivo para concluir cómo es un sistema planetario «típico». Sólo una muestra muy amplia de sistemas planetarios podría decirnos más sobre qué es un sistema típico o, lo que es más importante, si siquiera tiene sentido definir un sistema planetario típico. Por ejemplo, todos los seres humanos de la Tierra pertenecemos a la misma especie. Esto significa que compartimos muchos rasgos comunes, desde la forma de nuestros cuerpos hasta nuestra composición genética. Pero... ¿podemos definir a un ser humano típico? La verdad es que no. La asombrosa diversidad de los seres humanos de este planeta es extraordinaria. No podemos (ni debemos) señalar a un solo ser humano y decir que es un ser humano típico. Cada uno de nosotros es el producto de una confluencia compleja y única de factores ambientales (fenotípicos) y genéticos. Del mismo modo, aunque los sistemas planetarios surjan de las mismas leyes fundamentales de la física y de listas de elementos químicos naturales (quizás podamos llamarlos una especie de genotipo planetario), cada uno evolucionó según variaciones y detalles locales que, al final, darán lugar a una familia planetaria única, con tantos planetas, unos rocosos y otros gaseosos, unos orbitando más cerca de su estrella (o estrellas) anfitriona y otros más lejos, ninguno igual a otro. Puede haber, por supuesto, patrones generales que se repitan a través del cosmos mientras buscamos diferentes sistemas planetarios, pero, dentro de cada una de estas familias de sistemas planetarios que comparten rasgos similares, los detalles serán únicos para cada sistema perteneciente a esa familia. Por ejemplo, puede haber una familia de sistemas planetarios que tenga planetas rocosos orbitando lo más cerca posible de su estrella anfitriona, seguidos de planetas gaseosos. Esta familia incluiría nuestro sistema solar y otros con un patrón similar, aunque no habría dos sistemas planetarios exactamente iguales. Y, dentro de ese sistema, cada mundo tendría una historia propia que contar.

Desde 1995 hasta el lanzamiento de la misión Kepler de la NASA en 2009, el método del desplazamiento Doppler, o de la velocidad radial, ha sido el principal buscador de exoplanetas, con unos mil mundos en su haber. Como hemos visto, su éxito depende de que los sistemas planetarios tengan grandes planetas orbitando cerca de sus estrellas anfitrionas para generar un desplazamiento Doppler medible desde la Tierra. Las estrellas anfitrionas de menor masa son mejores, ya que sus planetas en órbita las empujan de forma más drástica. La población resultante de exoplanetas descubiertos, como es lógico, está sesgada hacia los Júpiter calientes en órbitas cortas alrededor de sus estrellas anfitrionas, muchas de ellas estrellas de tipo M, no muy relevantes como candidatas a planetas similares a la Tierra que orbitan una estrella de tipo G como nuestro Sol. Sin embargo, la técnica no sólo permite una búsqueda sistemática de exoplanetas, sino que también pone de relieve la diversidad de los sistemas planetarios. Aunque sigue siendo muy utilizada en la actualidad, esta técnica se ha visto eclipsada por el método del tránsito. Sin embargo, cuando ambas se utilizan juntas, no solo confirman la existencia de un exoplaneta, sino que también pueden estimarse con gran precisión su masa y radio (y, por tanto, su composición rocosa o gaseosa). Esto es lo que la mayoría de los astrónomos quieren decir cuando dicen que un planeta es parecido a la Tierra: un planeta con masa y radio similares a los de la Tierra. Por supuesto, se trata de un criterio cualitativo que no dice nada sobre la posibilidad de que un mundo así albergue vida, aunque si el planeta orbita dentro de la zona habitable de su estrella anfitriona, las posibilidades de vida aumentan considerablemente. Aun así, la vida requiere mucho más que estas condiciones astronómicas previas.

Técnica 2: método del tránsito

El nombre del primer telescopio espacial diseñado para encontrar exoplanetas utilizando el método del tránsito en honor al extraordinario astrónomo alemán del siglo XVII, Johannes Kepler, no podría haber sido más apropiado. Gracias a sus nuevas leyes del movimiento planetario, Kepler fue el primero en la historia en predecir los tránsitos de Mercurio y Venus en 1631. Como hemos visto, un tránsito planetario denota el paso periódico de un planeta frente a su estrella anfitriona. Un observador verá un pequeño punto negro moviéndose lentamente frente a la estrella. Sentí un nudo en la garganta cuando presencié el tránsito de Venus en 2012. Allí, a la vista de todos (con filtros protectores para los ojos), era una demostración indiscutible del poder del pensamiento humano para descifrar, aunque fuera de forma incompleta, las maravillas del mundo natural. Es difícil presenciar un acontecimiento así, o un eclipse solar, y no sentir una profunda conexión con el cosmos, con lo que Einstein llamaba «lo misterioso». El acontecimiento es un fenómeno astronómico concreto, y muchos pueden contentarse con considerarlo como tal. Pero... ¿por qué apartar el poder emotivo de la experiencia? Ser testigo del paso de un mundo alienígena por delante de nuestra estrella anfitriona nos conmueve de formas tangibles e intangibles. Vemos tanto con los ojos como con el corazón, una combinación única en nuestra especie. Hay un poder expansivo en la experiencia si nos abrimos a ella. Cuando miramos al Universo, este nos devuelve la mirada. Sólo nosotros somos conscientes de ello. Cuando el asombro colorea lo que vemos, la realidad se vuelve más mágica.

Casi cuatro siglos antes de mi experiencia, Kepler predijo que Mercurio pasaría por delante del Sol el 7 de noviembre de 1631, seguido de Venus el 6 de diciembre. Los cálculos de Kepler fueron realmente notables, demostrando una vez más que los movimientos de los planetas alrededor de su estrella anfitriona siguen leyes matemáticas pero precisas. El cosmos, al menos en cuanto a los movimientos planetarios, es un gigantesco mecanismo de relojería. Si se conocen las leyes, como Kepler las conocía, se pueden predecir los tránsitos planetarios, los eclipses solares y lunares, e incluso el regreso de los cometas, como hizo Newton unas décadas más tarde.

Por desgracia, Kepler murió en 1630, un año antes de que pudiera ser testigo del triunfo de su visionaria nueva ciencia de los cielos. En su turbulenta vida, la tragedia le persiguió como su sombra, sin nunca remitir por mucho tiempo. En una fría mañana de principios de noviembre, frágil e indigente, una de las mentes más brillantes que ha pisado este mundo salió solo, montado en un caballo sarnoso, tras unos clientes que le debían dinero. Atrapado en una gélida tormenta de nieve, Kepler persistió en su búsqueda, a pesar del viento y el frío. Murió el 15 de noviembre, delirando, con fiebre alta, señalando frenéticamente a su cabeza y al cielo. Dispersos durante la guerra de los Treinta Años, sus restos se perdieron para siempre. Su epitafio, que había compuesto años antes, es una conmovedora expresión de su amor por la astronomía basada en la medición:

> Medí los cielos, ahora mido las sombras de la tierra. Atada al cielo estaba la mente, atado a la tierra descansa el cuerpo.

Kepler sigue siendo hoy en día el pionero de la astronomía matemática moderna. La misión de la NASA, planeada para recoger datos durante menos de cuatro años, y que duró más de nueve, encontró la asombrosa cifra de 2.708 exoplanetas confirmados mediante el método del tránsito, cambiando para siempre nuestra comprensión de los sistemas planetarios. El satélite fue oficialmente retirado del servicio el 15 de noviembre de 2018, en el 388 aniversario de la muerte de Kepler. Sus restos flotan en la oscuridad del espacio, siguiendo a la Tierra en su órbita solar en un futuro previsible.

Durante diez noches de agosto y septiembre de 1999, un equipo dirigido por el astrónomo estadounidense David Charbonneau utilizó un telescopio de diez centímetros de diámetro equipado con una cámara de alta sensibilidad con dispositivo de carga acoplada (CCD) para seguir el tránsito de HD 209458 b, un exoplaneta que acababa de ser descubierto utilizando el método de la velocidad radial (Doppler) (HD 209458 es la estrella anfitriona de este sistema planetario). El planeta fue identificado como un gigante gaseoso con un radio un 25% mayor que el de Júpiter, pero significativamente menos masivo.[39]

El método fue un éxito inmediato, que dio lugar rápidamente a nuevas búsquedas y desarrollos. Dado que los astrónomos conocen el tipo de estrella a partir de su espectro, el tránsito por sí solo permite determinar el diámetro del planeta. Un planeta grande oscurecerá la estrella más que uno más pequeño. Combinado con el método de la velocidad radial –como hicieron Charbonneau y sus colaboradores–, los astrónomos pueden estimar la masa del planeta. Una vez conocidos el tamaño y la masa del planeta, el siguiente paso es calcular su densidad, es decir, cuánta masa por volumen tiene. A partir de la densidad del planeta, los astrónomos pueden inferir si es rocoso como la Tierra, gaseoso como Júpiter, o se halla en algún punto intermedio. Podemos inferir las propiedades de mundos a cientos de años luz observando cómo hacen bailar sus estrellas anfitrionas.

La dificultad del método del tránsito radica en que, para que podamos observar el planeta pasando por delante de su estrella anfitriona, la órbita debe estar casi exactamente de canto con respecto a la Tierra. Imagínese una polilla volando alrededor de una farola. De todas las trayectorias aleatorias de la polilla alrededor de la farola, sólo notará que parte de la luz queda bloqueada cuando la polilla pasa entre la farola y sus ojos. A medida que nos alejemos de la farola, tanto la lámpara como la polilla se harán más pequeñas. Sólo se notarán los pases de canto, o los cercanos.

Encontrar exoplanetas con órbitas alineadas de la forma adecuada para que podamos verlos a años luz requiere algo de suerte. Afortunadamente, la tecnología utilizada para detectar tránsitos puede superar con facilidad esta limitación: las cámaras de alta sensibilidad pueden observar decenas, incluso cientos, de miles de estrellas al mismo tiempo, apuntando a las que presentan un sutil oscurecimiento periódico, el signo revelador de un tránsito planetario. Así, las escasas probabilidades de encontrar un exoplaneta en tránsito alineado para que lo veamos queda compensado al observar un enorme número de estrellas al mismo tiempo. Esto es lo que hizo la misión Kepler. El Transiting Exoplanet Survey Satellite (TESS), lanzado en abril de 2018, le siguió.

TESS es otra historia de éxito, ahora en uso extendido después de completar su misión de dos años en 2020. A principios de 2023 había identificado 6.176 candidatos a exoplanetas, de los cuales 291 habían sido confirmados (cada exoplaneta que se identifica por primera vez utilizando técnicas de velocidad radial o de tránsito debe confirmarse mediante telescopios terrestres, y no por satélite).

Según la combinación de los resultados de todas las misiones por satélite y terrestres, hasta ahora la gran mayoría de los exoplanetas son más masivos y grandes que la Tierra.[40] Muchos son Júpiter calientes, enormes gigantes gaseosos que orbitan muy cerca de sus estrellas anfitrionas. Los gigantes gaseosos similares a Neptuno y de mayor tamaño dominan las tablas actuales, con 3.470 de un total de 5.272 exoplanetas confirmados en todas las misiones por satélite y otras aproximaciones. Los exoplanetas que tienen masa y radio más cercanos a los de la Tierra tienden a tener períodos orbitales mucho más cortos: en lugar de 365 días (un año) orbitando su estrella anfitriona, la mayoría se agrupan entre 1 y unos 60 días (en comparación, la órbita de Mercurio dura 88 días). La mayoría de estos exoplanetas se denominan *supertierras* porque son más masivos y grandes que nuestro planeta. Orbitan mucho más cerca de sus estrellas anfitrionas y, por tanto, están expuestos a grandes cantidades de radiación. Actualmente hay 1.602 supertierras confirmadas. A menos que sus estrellas anfitrionas sean mucho más frías que el Sol, estos planetas son demasiado calientes para albergar vida, al menos en la superficie. Probablemente no giren sobre su eje y muestren siempre la misma cara a su estrella anfitriona.

O tendrán una resonancia cercana al bloqueo mareal, rotando así muy lentamente sobre su eje, como Mercurio.[41] Esos mundos no favorecen mucho la vida.

De los 5.272 exoplanetas confirmados, 195 (es decir, el 3,7%) son terrestres, lo que significa que tienen una masa y un radio cercanos a los de la Tierra. El rango habitual oscila entre 0,5 y 2,0 veces el tamaño de la Tierra. Extrapolando esta estadística, si hay alrededor de un billón de planetas en nuestra galaxia, unos treinta mil millones (o el 3%) tienen una masa y un radio similares a los de la Tierra. De ellos, un número menor pero sustancial (unos mil millones) orbitan estrellas de tipo G como el Sol. Esto es prometedor, pero apenas suficiente. Cuando se trata de encontrar vida, tener una masa y un radio como los de la Tierra está muy lejos de ser como la Tierra. Nuestro planeta es mucho más que un mundo rocoso con cierta masa y radio que orbita una estrella de tipo G una vez al año. En su belleza y misterio, la vida combina propiedades astronómicas, geofísicas, químicas y biológicas de forma única. Las variables astronómicas sientan las bases sobre las que la vida podría ser posible. Pero la vida es un edificio muy complejo erigido sobre esta base, que exige una serie de ingredientes y pasos adicionales que, como veremos, son difíciles de conseguir.

Los resultados realmente espectaculares de la astronomía exoplanetaria es que aún no hemos encontrado una Tierra 2.0.[42] E incluso cuando encontremos un exoplaneta con masa y radio similares a los de la Tierra, orbitando una estrella de tipo G como nuestro Sol en aproximadamente un año, ese mundo no será otra Tierra. Puede que comparta muchas de las propiedades astronómicas e incluso geofísicas de nuestro planeta, pero no será otra Tierra. Nuestro mundo es único. Sólo hay una Tierra en esta galaxia y, me atrevo a decir, en cualquier parte del Universo visible. No hay ningún clon de la Tierra. La vida lo cambia todo. Pero antes de argumentar por qué en la Tercera parte, primero tenemos que explorar la cuestión esencial sobre cómo podríamos detectar vida en otros mundos, de existir.

5. La vida en otros mundos

> «Bueno, si carecemos de una posición o velocidad o aceleración distintivas, o un origen separado de las demás plantas y animales, entonces al menos, tal vez, seamos los seres más inteligentes de todo el universo. Y esa es nuestra singularidad».
>
> Carl Sagan, *The Varieties of Scientific Experience: A Personal View of the Search for God*

Si existe vida en algún otro lugar de nuestra galaxia, hay tres formas de encontrarla. La primera y más fácil es que nos visiten los extraterrestres. La segunda es que nosotros o nuestras máquinas viajemos a otros mundos y encontremos vida en ellos. La tercera, y con mucho la más realista, es que reunamos pruebas de vida en otros mundos observándolos desde aquí. Examinemos brevemente cada una de estas posibilidades, empezando por la más descabellada, que los extraterrestres nos visiten.

El silencio más profundo

Dado que no hay evidencia alguna de alienígenas inteligentes en nuestro sistema solar, tendrían que viajar hasta aquí desde otras estrellas. Para que alienígenas de otro sistema estelar nos visitaran, tendrían que ser mucho más avanzados tecnológicamente que nosotros. Como Arthur C. Clarke comentó una vez en lo que se conoció como su tercera ley: «Cualquier tecnología suficientemente avanzada es indistinguible de la magia».[1] Nuestras naves espaciales más rápidas tardarían unos cien mil años en llegar al sistema estelar más cercano a nuestro Sol, el sistema estelar triple Alfa Centauri, a sólo 4,37 años luz. Incluso la luz, la imbatible campeona de velocidad del Universo, tardaría cuatro años y cuatro meses en hacer el viaje. Viajando a una décima parte de la velocidad de la luz, algo que podríamos lograr con tecnología de vela solar, el viaje aún duraría más de cuatro décadas. Está claro que si los alienígenas pueden cubrir distancias interestelares, saben muchas cosas que nosotros no sabemos. Su tecnología sería como magia para nosotros.

Innumerables escenarios de ciencia ficción sueñan con tecnologías futuristas que los alienígenas podrían usar para viajar a través de la galaxia. Los más populares implican una versión de agujeros de gusano, o puentes de Einstein-Rosen. Los agujeros de gusano son literalmente túneles a través del espacio-tiempo que podrían, en principio, funcionar como atajos formidables. ¿Por qué dar la vuelta al lago caminando por la orilla cuando puedes tomar un barco justo para cruzarlo? Como los túneles ordinarios, los agujeros de gusano tienen dos aberturas entre una estructura tubular. A diferencia de los túneles ordinarios, son un pliegue en el espacio y necesitan una física muy exótica para existir y mantener sus «bocas» abiertas. El reto aumenta cuando algo tan grande como una nave espacial intenta atravesar un agujero de gusano. En *2001: odisea del espacio*, Clarke imaginó una civilización alienígena avanzada que diseñó agujeros de gusano a través de la galaxia en una red de túneles como un sistema de metro. Si esta red existe, permanece completamente invisible para nosotros.

He aquí una forma demasiado simplificada de visualizar un agujero de gusano. Como no somos buenos imaginando cosas en tres dimensiones, pensemos en los agujeros de gusano en dos dimensiones, como la superficie de una mesa o un globo. Imagina una hoja de papel muy larga. Ese es tu «universo». Ir de un punto a otro que está muy lejos lleva tiempo. Si doblas el papel en forma de una gran *U*, podrías arrastrarte por la superficie de un lado a otro, o si hay un agujero de gusano a tu disposición –un túnel que conecte dos lados– podrías atravesarlo. Desafortunadamente, para evitar que los agujeros de gusano colapsen necesitamos un tipo de materia exótica que no tenemos ni idea dónde encontrarla. Pero quizás los alienígenas puedan. Esa es su «magia».

Este tipo de argumento puede llevar a especulaciones interminables y sin rumbo (aunque fascinantes). ¿Por qué suponer que alienígenas tan avanzados tecnológicamente siguen atados por las cadenas de los cuerpos envejecidos? Al ver el avance de nuestra propia tecnología y que nuestras mentes están cada vez más enredadas con los dispositivos digitales, podemos imaginar una especie de futuro transhumano en el que la esencia de nuestra mente, lo que identificamos (vagamente) con nuestro yo interior y nuestros recuerdos, se convierta en inmaterial, como un alma, atada a la realidad sólo a través de la información. En su novela, Clarke especulaba con que los alienígenas habrían roto con las estructuras mecánicas y las estructuras robóticas de las máquinas «que la mente acabaría liberándose de la materia [...] y si hay algo más allá de *eso*, su nombre sólo podría ser Dios».[2] Aquí es donde comienza la astroteología, ya que imaginamos a los alienígenas como la versión tecnológica de criaturas divinas, con el obvio subtexto de que un día nosotros también llegaremos allí. Así, no sólo su tecnología es mágica para nosotros, sino que su mera existencia se convierte en una presencia sobrenatural: omnisciente, omnipresente e indetectable por nuestros débiles sentidos humanos y nuestras máquinas. Estos alienígenas serían indistinguibles de los dioses que habitan el reino celestial, siendo tan escurridizos como lo han sido innumerables deidades a lo largo de la historia humana. Sólo existen en la dimensión intangible de la fe.

¿Qué hay de los extraterrestres más tangibles como los de *La guerra de las galaxias, Dune* o *Star Trek*? Por desgracia (o por suerte si eres pesimista), si existen alienígenas inteligentes en nuestra galaxia, aún no nos han visitado. Si lo han hecho, deben ser extremadamente tímidos y eficientes para esconderse. Ningún artefacto construido con tecnología alienígena ha sido nunca encontrado. Los humanos, no los extraterrestres, construyeron las pirámides en Egipto y América Latina, así como Stonehenge y otros monumentos antiguos a gran escala. El autor suizo de éxito Erich von Däniken y sus fantasiosas especulaciones sobre pinturas rupestres y antiguas obras de arte que mostrarían astronautas y naves espaciales han sido totalmente desacreditados.[3] También son racistas, dado que la mayoría de esos supuestos incompetentes antepasados eran nativos de partes del mundo no europeo. Como escribió Carl Sagan en 1980: «Que unos escritos tan descuidados como los de Von Däniken, cuya tesis principal es que nuestros antepasados eran tontos, sean tan populares es un comentario sobrio sobre la credulidad y la desesperación de nuestro tiempo».[4]

En todo caso, la credulidad y la desesperación de nuestra sociedad no han hecho más que aumentar durante los más de cuarenta años transcurridos. Escribo estas líneas el día de la primera audiencia pública del Congreso estadounidense sobre los OVNI en décadas. La gran novedad es que los ovnis, u objetos voladores no identificados, se llaman ahora FANI, o fenómenos aéreos no identificados (UAP en sus siglas en inglés). La amenaza, afirman muchos legisladores, puede no venir de otros planetas, sino de armas experimentales de China o Rusia. Pero no todos están convencidos, aunque deberían estarlo: los vuelos terrestres experimentales son visitantes mucho más plausibles de nuestros cielos que cualquier cosa alienígena. Lo verdaderamente sorprendente no serían las extrañas luces en el cielo, sino el profundo silencio que señala nuestra soledad cósmica.

A pesar de los innumerables avistamientos de ovnis y de las historias de extraterrestres abduciendo a humanos, el hecho es que no tenemos pruebas convincentes de que los alienígenas hayan viajado a través de vastas distancias interestelares para agraciarnos con su sabiduría o, lo que es más alarmante, para amenazarnos con la aniquilación. Una visita o encuentro alienígena, al menos por ahora, permanece en el reino de la ficción especulativa. Ya hemos hablado de algunas de estas obras de ficción, desde Luciano en la antigua Roma hasta Kepler en el siglo XVII y H.G. Wells a principios del XX. Como demuestra nuestra fascinación más reciente por las innumerables películas y novelas de ciencia ficción, el alienígena imaginario, el «otro del espacio exterior», siempre ha sido un espejo de la humanidad. «Ellos» nos harán lo que nos hemos hecho a nosotros mismos. Son las tribus que invaden las tierras de otras tribus para saquear, matar, violar y esclavizar. Son los colonizadores occidentales que se extendieron por América, África y el Sudeste Asiático en busca de bienes materiales y expansión económica, con total desprecio por los valores culturales y la libertad de los pueblos indígenas y por el entorno natural. Son imperios expansionistas con un ideal de superioridad culturalmente construido que aplastan a sus vecinos más pequeños a su paso. Son los horrores del Holocausto y de innumerables genocidios a lo largo de la historia.

«Nosotros y ellos» siempre ha tenido que ver con nosotros. El miedo al otro es un miedo profundamente arraigado a nosotros mismos, a lo que los humanos somos capaces de hacer a nuestros semejantes. Proyectamos en el inquietante silencio de las estrellas la ansiedad de nuestra soledad cósmica, el miedo a que, en última instancia, seamos nosotros los que decidamos si superamos nuestra codicia destructiva o, por el contrario, dejamos que nos conduzca a nuestro fin colectivo. Este es el callejón sin salida moral al que debemos enfrentarnos, y al que debemos poner fin si queremos preservar nuestro proyecto de civilización.

Volar a la Luna (y más allá)

Hay multitud de mundos ahí fuera, esperándonos entre las estrellas lejanas, pero viajar a distancias interestelares es actualmente imposible. No es que haya ninguna ley de la Naturaleza que prohíba vuelos espaciales de larga distancia; las barreras son tanto fisiológicas como tecnológicas. Nuestros sistemas de propulsión no son lo suficientemente rápidos para enviarnos a las estrellas. Nuestros cuerpos son demasiado frágiles. En el espacio, perdemos masa ósea y muscular, y nuestros cuerpos son susceptibles a la radiación. También sufrimos con el aislamiento y la soledad prolongados.

Evolucionamos para estar en este planeta, en condiciones muy específicas. Cuando abandonamos la Tierra, nos llevamos con nosotros parte de lo que necesitamos para sobrevivir: aire rico en oxígeno, una temperatura equilibrada, nuestros alimentos y suministros médicos. Ahora bien, este pequeño transporte de un ambiente terrestre es muy limitado y costoso. Lo que podemos hacer, y lo hemos hecho espectacularmente bien, es enviar nuestras sondas a los mundos que podemos alcanzar con nuestra tecnología actual, mundos de nuestro sistema solar. Las últimas décadas se conocerán en la historia como la era de la exploración del sistema solar. Hemos aterrizado en Marte y hemos enviado sondas a los siete planetas de nuestro sistema solar, y también a Plutón, ahora degradado a planeta enano. Las Voyager 1 y 2, lanzadas en 1977, exploran ahora el espacio interestelar más allá de nuestro sistema solar. Hemos cartografiado, medido, muestreado, fotografiado y orbitado innumerables mundos alienígenas en nuestro vecindario solar. Los vehículos exploradores (*rovers*) enviados a Marte están explorando activamente la superficie del planeta, y ahora el subsuelo, en busca de indicios de vida. Los sobrevuelos de Júpiter y Saturno han revelado océanos bajo gruesas costras de hielo, volcanes activos y géiseres que arrojan vapor de agua mezclado con compuestos orgánicos, lagos y ríos de metano líquido y otros compuestos orgánicos. Lo que hemos encontrado orbitando nuestro Sol no es más que un anticipo de la asombrosa variedad de mundos esparcidos a través de la inmensidad de nuestra galaxia. Y, al mismo tiempo, la dureza de esos entornos alienígenas inspira un profundo aprecio por la singularidad de nuestro planeta. El espacio es terriblemente hostil para nosotros, los humanos.

Entre julio de 1969 y diciembre de 1972, la NASA envió seis misiones tripuladas a la Luna. Un total de doce humanos dejaron huellas en nuestro estéril mundo satélite. Desde entonces, ningún ser humano ha pisado otro mundo. Enviar máquinas a explorar mundos más allá de la Luna es más seguro y económicamente más viable. Aun así, deberíamos esperar que los humanos vuelen a Marte en las próximas décadas, continuando nuestra lenta expansión por el sistema solar. Pero es difícil contemplar una visita humana más allá de Marte. Los costes son enormes, tanto económicos como sanitarios.

En la novela de Clarke de 1968 *2001: odisea del espacio*, 2001 era el año en que los seres humanos llegarían a Saturno (Júpiter en la película de Stanley Kubrick).[5] Una proyección muy optimista dado que ni siquiera habíamos aterrizado en Marte. Pero cuando vi la película por primera vez en 1969, mi imaginación de niño de diez años estalló de posibilidades. ¿Hasta dónde podríamos aventurarnos en el espacio exterior? ¿Qué encontraríamos? ¿Cómo podría yo participar en esta aventura? Por aquel entonces, el año 2001 parecía lejano, un tiempo casi de ensueño, en el futuro. La ciencia futurista parecía magia, pero una magia que hacíamos nosotros, no los extraterrestres. Entonces me di cuenta de que quería ser ese tipo de mago, el que coquetea con lo desconocido para hacer avanzar el conocimiento humano, transformando la imaginación en realidad. Puede que no hayamos aterrizado en Júpiter o Saturno, pero hemos enviado sondas para cartografiar los confines de nuestro sistema solar y descubierto mundos de maravilla y misterio en nuestra búsqueda de respuestas. Hasta ahora, no hemos encontrado rastros de vida, ni pasada ni presente. A pesar de nuestro anhelo de compañía cósmica, nuestro sistema solar parece estéril.

Escuchando y buscando vida en otros lugares

Si los extraterrestres no han visitado la Tierra y la vida en nuestro sistema solar parece estar confinada a este planeta, tenemos que buscar más lejos. Dado que cualquier tecnología de viaje interestelar es un sueño lejano en nuestro futuro, lo que podemos hacer ahora es mirar y escuchar. Escuchar a los extraterrestres es el objetivo central del Instituto de Búsqueda de Inteligencia Extraterrestre (SETI, por sus siglas en inglés), un esfuerzo en curso desde hace cinco décadas para detectar y decodificar señales de radio emitidas por civilizaciones tecnológicas alienígenas en nuestro vecindario galáctico. A pesar de algunas señales esperanzadoras, no hemos logrado detectar nada prometedor. Hay muchas razones para esto, que discutiremos pronto. Por ahora, podemos afirmar que el profundo silencio persiste, a pesar de la notable dedicación de cientos de científicos del SETI a lo largo de los años.

Si escuchar no funciona, podemos buscar otras señales de vida en otros lugares. Algunos proyectos SETI han utilizado potentes telescopios para encontrar señales de ingeniería estelar en sistemas distantes. Aunque se trata de una posibilidad muy tentadora, la forma más realista e inmediata de encontrar signos de vida en mundos lejanos es buscar *biofirmas*, es decir, señales que los procesos biológicos pudieran dejar en la atmósfera de los exoplanetas. Aquí es donde la mayoría de los astrobiólogos apostarían por las mayores posibilidades de éxito. La presencia generalizada de vida en un planeta cambia el planeta y su composición atmosférica. Como mi antigua estudiante de posgrado Sara Imari Walker, ahora profesora en la Universidad Estatal de Arizona, bromeó una vez: «La vida no sucede en un planeta; le sucede a un planeta». Esto es definitivamente cierto en el caso de la Tierra, y tenemos razones para creer que será cierto en otros mundos con vida en los que la vida se arraigue y se extienda hasta convertirse en una biosfera activa a escala planetaria.

Ahora sabemos que la gran mayoría de las estrellas tienen planetas en órbita, y sabemos lo suficiente de ellos para estimar la distribución de mundos alienígenas en nuestra galaxia, agrupándolos en Neptunos (gigantes gaseosos del tamaño de Neptuno), Júpiter calientes, supertierras y terrestres (un mundo rocoso con un radio entre 0,5 y 2,0 veces el de la Tierra). Dado que la formación de estrellas sigue las mismas leyes básicas de la física en todo el Universo, deberíamos esperar que esto sea cierto en todas partes, en nuestra galaxia y en otras. Los planetas son como copos de nieve: todos comparten ciertas propiedades básicas, pero no hay dos iguales. La pregunta, entonces, es si un subconjunto de estos mundos alienígenas tiene rasgos similares a los de la Tierra. En otras palabras, ¿cómo de común o raro es nuestro planeta natal?

Un clon idéntico a nuestro planeta sería imposible de encontrar, dado que cada mundo tiene su propia historia muy específica, incluyendo diferentes distribuciones de elementos químicos, diferente distancia a su estrella anfitriona, diferentes planetas vecinos, diferente número y tamaño de lunas, y una historia de impactos diferente. Un planeta rocoso con masa y radio casi idénticos a los de la Tierra que orbita una vez al año alrededor de una estrella de tipo G, como nuestro Sol, *no* es otra Tierra. Compartir muchas propiedades astronómicas es sólo el conjunto básico de requisitos útiles para identificar mundos que merecen un mayor escrutinio como refugios potenciales para la vida tal y como la conocemos. Pero, como hemos insinuado y exploraremos en detalle, se necesita mucho más para que la vida exista y perdure en un planeta o luna. La historia de la vida y de la Tierra debe contarse para que podamos entender por qué la Tierra es un mundo tan especial.

El método del tránsito, del que hablamos en el capítulo anterior como método para encontrar exoplanetas, también ofrece la mejor oportunidad que tenemos de localizar planetas que puedan albergar vida. Cuando un planeta pasa por delante de su estrella anfitriona, parte de la luz estelar es absorbida por la atmósfera del planeta. Esto ocurre porque cada elemento químico y cada molécula absorbe y emite luz en longitudes de onda específicas, conocidas como *líneas espectrales*. Llamamos *firma espectral* de la sustancia química al conjunto de líneas espectrales. Al igual que las personas tienen huellas dactilares individuales únicas, el calcio tiene sus propias líneas espectrales, al igual que el hidrógeno, metano, oxígeno, amoníaco, etcétera.[6] Puesto que cada atmósfera planetaria tiene una combinación única de sustancias químicas, tendrá una firma espectral única. Llamamos a estas firmas espectrales el *espectro de absorción* de la atmósfera, ya que las sustancias químicas de la atmósfera absorben parte de la luz estelar. Los astrónomos recogen el espectro de absorción del planeta e identifican las longitudes de onda específicas de cada elemento químico de la atmósfera. La lectura de las distintas líneas del espectro les permite conocer la composición de la atmósfera del planeta. ¿Contiene agua? ¿Dióxido de carbono? ¿Metano? Es un trabajo de detectives astronómicos, increíblemente importante para la búsqueda de vida en otros mundos.

La vida, cuando es abundante, se imprime en la atmósfera de un planeta. Si conocemos los productos químicos relacionados con la vida, entonces podemos buscar en el espectro de absorción del planeta. Estas son las biofirmas. La Tierra vista desde lejos sería nuestra guía. Un extraterrestre, al estudiar nuestra atmósfera, identificaría agua, dióxido de carbono, oxígeno, metano y ozono, entre otras sustancias químicas. Esta combinación es una firma de que la vida está presente y activa, interactuando con la atmósfera del planeta y dejando su huella. Encontrar agua o dióxido de carbono es importante pero no suficiente. Un planeta con vida es un motor dinámico, donde los procesos biológicos y geológicos se combinan y retroalimentan. Cuando la vida se apodera de un planeta, no puede separarse de él. Planeta y vida forman un todo único. Un planeta vivo como la Tierra se agita y respira como respiran las plantas y la vida animal a través de los ciclos estacionales. La vida cambia el planeta. El planeta cambia la vida. La historia de la vida en un planeta y la historia de la vida del planeta son inseparables, entretejidas a través de los tiempos.

Parte III
El universo despierta

6. El misterio de la vida

«Pero si pudiéramos concebir (y se trata de un gran "si") que en algún pequeño estanque cálido con todo tipo de amoníaco y sales fosfóricas, luz, calor, electricidad, etcétera, se formara químicamente un compuesto proteínico, listo para sufrir cambios aún más complejos, en el presente tal materia sería devorada o absorbida instantáneamente, lo que no habría ocurrido antes de que se formaran los seres vivos».

CHARLES DARWIN, carta a Joseph Dalton Hooker, 1 de febrero de 1871

Un enigma persistente

La vida, omnipresente como es, sigue siendo un profundo misterio científico. Para sorpresa de muchos, en la actualidad los científicos no comparten ninguna definición consensuada de la vida o, para el caso, ninguna comprensión, ni siquiera a un nivel primitivo, de cómo se originó la vida en la Tierra. Dicho de otro modo: no sabemos qué es la vida ni cómo empezó. Estas dos cuestiones codependientes tienen que ver con la vida y su naturaleza. Por «codependientes» quiero decir que es difícil imaginar qué es la vida sin entender también cómo surgió. Sólo conocemos la vida en un mundo –el nuestro– y nuestro pensamiento está necesariamente sesgado hacia lo que conocemos. Cuando los científicos hablan de encontrar vida en otros mundos, suelen referirse a la vida tal y como la conocemos.

La definición operativa que adopta la NASA afirma que la vida es una sustancia química capaz de reproducirse y que evoluciona mediante la selección natural darwiniana. Así pues, la vida metaboliza energía, se reproduce y experimenta cambios. Pero saber tanto sobre nuestra forma de vida no significa que sepamos lo que hizo falta para que la vida surgiera aquí. No podemos viajar cuatro mil millones de años atrás a la Tierra primitiva para aprender cómo una sopa de compuestos inorgánicos se convirtió, tras unos pocos pasos, en una sopa de compuestos orgánicos: la materia de los seres vivos. Y luego, aún más enigmático, esta sopa de compuestos orgánicos acabó atrapada dentro de una membrana y encontró una forma de comer y de autorreproducirse. De alguna manera, en algún lugar en la Tierra primigenia, la materia inanimada se convirtió en materia viva y en los primeros organismos unicelulares.

Cada uno de estos pasos y los muchos que siguieron en la evolución de la vida en la Tierra fueron enormemente complejos y no predictivos. Actualmente tenemos, como mucho, una comprensión muy fragmentaria de lo que pudo ocurrir aquí hace miles de millones de años. Peor aún, algunos de los detalles son incognoscibles, se pierden en la niebla del tiempo. No es lo mismo encontrar pruebas de vida muy temprana que de vida *primigenia*. ¿Cómo podemos saber si un indicio de vida primitiva puede considerarse la primera vida en la Tierra? Incluso si alguien es capaz de sintetizar vida a partir de no vida en el laboratorio, ¿cómo podemos saber que ese fue el camino que siguió la vida para surgir aquí hace más de 3.500 millones de años? Aunque a los científicos no les guste admitirlo, cuando se trata del origen de la vida, tenemos que resignarnos a una historia a la que le falta el principio. El origen de la vida en la Tierra es una incógnita.

Ahora bien, las incógnitas no impiden saber más; son una inspiración. Aunque no podamos llegar a una comprensión definitiva de lo que ocurrió en nuestro planeta hace más de 3.500 millones de años, podemos aprender muchísimo mientras lo intentamos. La astronomía ha revelado un alucinante número de mundos ahí fuera. Por tanto, es natural esperar que la vida haya surgido en muchos de ellos, o que aún pueda hacerlo. La biología replantea estas expectativas, convirtiendo el origen y evolución de la vida en otros mundos en un experimento único con sus propios resultados, si los hay. Al considerar la vida en otros lugares, necesitamos una cosmovisión postcopernicana en la que la astronomía se entreteja con la biología. La existencia de muchos mundos, incluso de muchos mundos parecidos a la Tierra, no significa la existencia de muchos mundos vivos.

La cita que abre este capítulo, extraída de una carta que Darwin escribió a un amigo, resume sus ideas al respecto: una especie de sopa química acuosa rica en compuestos de nitrógeno y fósforo, bañada por la luz solar, el calor y la electricidad, dio los primeros pasos hacia la vida: la formación de aminoácidos que se enlazan para formar proteínas simples. Siguiendo las especulaciones de Darwin, podríamos decir que estos ingredientes iniciales –una sopa prebiótica, parcialmente aislada del entorno exterior por algún tipo de membrana en forma de bolsa, tal vez una gotita de grasa (un límite lipídico)– evolucionaron en compuestos químicos más complejos, hasta convertirse en una red de reacciones químicas capaz de autorreproducirse: ¡la vida! Para Darwin, y para muchos científicos todavía hoy, la *abiogénesis*, la transición de materia no viva a materia viva, ocurrió en el entorno primitivo de la Tierra, posiblemente desencadenada por algún tipo de estimulación eléctrica, a menudo conjeturada como un rayo durante la actividad volcánica. Uno no puede evitar pensar en Victor Frankenstein y su macabro experimento. Otros, sobre todo Svante Arrhenius y, más recientemente, Iosif Shklovskii y Carl Sagan, así como Francis Crick y Leslie Orgel, han defendido la idea de que la vida fue sembrada en la Tierra desde el espacio exterior, un proceso conocido como *panspermia*.[1]

La hipótesis de la panspermia es fascinante, pero lleva el origen de la vida a otro mundo o a las maquinaciones de una inteligencia extraterrestre, sin ayudarnos a comprender mejor cómo aparecieron estas semillas cósmicas de vida. Si de alguna manera confirmáramos que la vida en la Tierra vino de otro mundo, intencionadamente o no, seguiríamos sin saber cómo se originó allí. De hecho, la panspermia como explicación del origen de la vida en la Tierra es el equivalente biológico de «todo tortugas hacia abajo» del origen del Universo.[2] Si uno postula que el Universo vino de un estado cuántico inicial, como los modelos modernos de cosmología cuántica, siempre podemos preguntarnos: «¿Y de dónde procede ese estado cuántico? ¿Qué determinó sus propiedades específicas?». La simple lógica causal falla cuando consideramos el inicio de una cadena incognoscible de causalidad, la Causa Primera, la causa que no puede ser causada (de lo contrario, necesitaría una causa anterior, y otra, y otra...). Como el origen del Universo, el origen de la vida también adolece de un problema de Causa Primera, dado que en este momento no sabemos cómo enmarcar el enigmático paso de la no vida a la vida en términos causales. Existen causas cosmogónicas (referidas al origen del cosmos) y biogénicas (referidas al origen de la vida) que delimitan los límites de las explicaciones científicas.[3]

La investigación sobre el origen de la vida es hoy una disciplina científica sólida y floreciente. Algunos la consideran una rama de la astrobiología, mientras que para otros sería un campo de investigación independiente enraizado en la bioquímica molecular y la biología celular. La actitud general de los científicos es pragmática, una postura que podría denominarse «¡cállate y experimenta!», en contraposición a ahondar en las turbias cuestiones de definir o interpretar la naturaleza de la vida.[4] En las ciencias biológicas, el laboratorio es el crisol del conocimiento controlable sobre la vida. De manera razonable, los científicos tienden a concentrarse en cuestiones que pueden explorar en el laboratorio. Aunque una minoría espera que los resultados experimentales esclarezcan desafíos conceptuales fundamentales, la mayoría adopta un enfoque más pragmático e ignora esos fundamentos por considerarlos inútiles, alegando que las elucubraciones filosóficas no harán avanzar el conocimiento científico. Así pues, no es de extrañar que cuestiones conceptuales fundamentales sigan sin respuesta o sin abordarse.

A modo de ejemplo, consideremos la llamada hipótesis del mundo del ARN, basada en la suposición de que la genética precede al metabolismo en el despliegue de la vida y que la molécula de ARN ocupa el asiento del conductor antes que el ADN.[5] Aunque esta hipótesis presenta una posibilidad muy convincente a lo largo de la línea evolutiva que va de la vida primitiva a la más avanzada, la cuestión es si los experimentos con ARN pueden realmente decirnos algo fundamental sobre el origen de la vida o sobre cómo la vida alcanzó por primera vez sus capacidades reproductivas. Al fin y al cabo, las moléculas de ARN son extremadamente complejas, están compuestas por miles de millones de átomos y son capaces tanto de almacenar información genética como de catalizar reacciones químicas. Es difícil imaginar que las raíces evolutivas de la vida no se remonten a sistemas reproductivos primitivos mucho más simples. También parece razonable que esos sistemas reproductores más simples tuvieran que metabolizar energía antes de poder reproducirse. Cualquier ser vivo debe comer antes de poder reproducirse o multiplicarse.[6]

Aunque los experimentos del tipo ARN son esenciales para dilucidar algunos de los enigmas relacionados con los mecanismos moleculares de la evolución,[7] es difícil ver cómo pueden llevarnos a las primeras etapas de la vida emergente. A modo de comparación, la ingeniería inversa de un cohete de SpaceX no nos enseñará mucho sobre la primera historia de la aviación, con sus globos y dirigibles.

La geología añade otra complicación a la hipótesis del mundo del ARN, dado que hay escasas evidencias existentes y a lo sumo indirectas de actividad metabólica primitiva impresa en las rocas desde el momento en que se cree (actualmente) que la vida echó raíces en la Tierra, hace entre 3.800 y 3.500 millones de años. Desde la perspectiva de los orígenes de la vida, el escenario del mundo del ARN es atractivo, sobre todo, porque los científicos pueden experimentar con estos sistemas, y no tanto porque su compleja dinámica molecular adaptativa pueda ser objeto de ingeniería inversa para llegar a sus parientes lejanos durante los primeros pasos vacilantes de la vida, cuando un número creciente de átomos de carbono empezaron a encadenarse para formar moléculas más largas (polímeros). La situación es parecida a la de un tipo que busca las llaves de su coche por la noche en un gran aparcamiento. Las buscará cerca de las farolas porque es donde mejor ve, no porque sepa que se le cayeron por ahí. Incluso puede encontrar objetos interesantes en las inmediaciones de las farolas; pero dada la gran superficie del espacio de búsqueda, lo más probable es que se le cayeran las llaves lejos de las luces, en la oscuridad.

¿Por qué es tan difícil entender la vida?

A pesar de los espectaculares avances en la investigación bioquímica y genética es difícil ver cómo la pregunta «¿Cómo surgió la vida en la Tierra?» podría responderse. Esto no significa que estemos diciendo que la aparición de la vida sea algún tipo de fenómeno sobrenatural. En absoluto. La vida es un fenómeno muy natural. El problema al que se enfrentan los científicos es el de la recuperación de información, es decir, de tratar de reconstruir una época perdida en el pasado distante con una terrible escasez de pistas. Dada la irrecuperabilidad de la información sobre las condiciones ambientales específicas y las vías bioquímicas que condujeron a la primera vida en la Tierra hace unos 3.500 millones de años (¿o antes? No estamos seguros), ¿cómo podríamos falsificar los mecanismos propuestos? Como ya hemos dicho, ¿cómo podemos estar seguros de que las señales detectables de la infancia de la Tierra son ilustrativas de la primera vida y no de la vida posterior? La estrategia convencional, basada en un análisis exhaustivo en el laboratorio, que pudiera lograr una cadena de reacciones bioquímicas para pasar de la no vida a la vida, aunque tuviera éxito, no podría demostrarse que fuera equivalente, y mucho menos idéntica a lo que ocurrió en el pasado remoto de la Tierra. En otras palabras, a menos que se pudiera demostrar formalmente que sólo hay muy pocas vías bioquímicas posibles de la no vida a la vida, o, mejor aún, sólo una, la opción de crear vida en el laboratorio –sin duda una hazaña espectacular si alguna vez se logra– no nos diría nada sobre cómo surgió la vida en la Tierra.[8]

Alejarse de la Tierra para considerar la identificación de vida en otros lugares plantea nuevos retos. A menos que se pudiera demostrar que la vida sigue las mismas leyes en todo el Universo (o simplemente tener la suerte de ver señales de ella), no hay garantía de que la vida en otros mundos pueda relacionarse con la vida en la Tierra. Aunque pudiéramos trazar de algún modo la ruta o rutas bioquímicas que condujeron a la vida en la Tierra, o «la vida tal como la conocemos», no necesariamente aprenderíamos algo universal sobre la naturaleza de la vida en otros mundos. La certeza que los científicos físicos tienen de que las leyes de la física y la química son las mismas en todo el Universo no puede duplicarse en las biológicas. La biología no es mecanicista. La evolución por selección natural depende de la aleatoriedad de las mutaciones genéticas, de fluctuaciones complejas e impredecibles de las condiciones ambientales, de bucles de retroalimentación no lineales que acoplan diversos fenómenos geofísicos a la vida misma, de cataclismos cósmicos y globales que reajustan el escenario evolutivo, etcétera.

Muchos científicos y filósofos sostienen que insistir en aplicar lo que sabemos de la vida en la Tierra a otros mundos dificultará, más que ayudará, nuestro éxito a la hora de identificarla y estudiarla.[9] Estos pensadores sostienen que las definiciones son restrictivas, ya que encajonan los significados dentro de un volumen que puede ser más pequeño de lo necesario para abordar un problema tan vasto. Sin embargo, si no tenemos una definición o una comprensión de lo que es o podría ser la vida, ¿cómo podemos esperar recrearla en el laboratorio o estar seguros de identificarla en otro mundo, donde la vida podría seguir reglas muy diferentes? La NASA y otras agencias de investigación están empezando a reconocer esta cuestión. En 2019, la NASA dio a conocer el Laboratorio de Biofirmas Agnósticas, destinado a apoyar a los científicos que están desarrollando enfoques innovadores para desarrollar estrategias de cara a identificar signos de actividad inusual relacionada con la vida.[10] El cambio esencial aquí es dejar de lado el enigma de «qué es la vida» para centrarse en el más pragmático «qué hace la vida».[11] Por ejemplo, las nuevas firmas de sistemas vivos alienígenas podrían manifestarse en términos de química con niveles de complejidad que van mucho más allá de lo inorgánico conocido o de la simple química orgánica «no viva»; o mundos que pueden tener químicas atmosféricas peculiares que indiquen actividad metabólica de algún tipo.

Cuando se trata de tipos de vida, nos limitamos a una muestra estadística de uno: la vida en la Tierra. Incluso si empezamos a encontrar formas de diferenciar entre formas de vida terrestres y alienígenas, esta diferenciación estará vinculada a «la vida tal y como la conocemos» frente a «la vida tal y como no la conocemos». La complicación, sin embargo, es que ni siquiera podemos partir de «la vida como la conocemos» con certeza, dado que hay mucho que no sabemos sobre ella. Nuestra imaginación está limitada por nuestra objetividad acordada, dado que nuestra existencia en este planeta depende de cómo la vida coevolucionó con el planeta. La ciencia y el razonamiento lógico son nuestras mejores herramientas para evitar el sesgo cognitivo, pero nunca son infalibles.

De hecho, sería maravilloso que pudiéramos afirmar, con la confianza de físicos y químicos, que las leyes de la biología son las mismas en todo el Universo. Los físicos y los químicos pueden hacerlo porque tienen información sobre los procesos físicos y químicos que ocurren en el espacio y el tiempo que confirman la universalidad de las leyes físicas: la conservación de la energía, las fuerzas entre las partículas elementales de la materia y las fuerzas eléctricas que forman átomos y moléculas, la omnipresencia de la gravedad a través de grandes distancias, los noventa y cuatro elementos químicos naturales y su formación en las estrellas y por desintegración radiactiva.

Sin embargo, la evolución por selección natural es una idea extremadamente poderosa, y es difícil imaginar que la vida en otros lugares podría existir sin ella. Después de todo, cualquier forma de vida necesita recursos en un entorno limitado y sujeto a cambios. La vida come; y como come necesita encontrar comida. Así que los seres vivos buscan comida: si no pueden moverse en el espacio, crecen raíces profundas y se estiran hacia arriba en busca de la luz solar. Pero incluso con eso, el vasto espacio combinatorio que enmarca la formación química de viabilidad de la vida y los entornos que la sustentan –añadidas a las también enormes barreras conceptuales que tenemos para comprender los numerosos pasos que van de la no vida a la vida microbiana y, de ahí, a la vida compleja– imposibilita las generalizaciones esperanzadoras. Como dijo una vez el físico Philip Anderson, refiriéndose a los sistemas complejos emergentes en la Naturaleza: «Más es diferente». Nuevas leyes emergen a medida que la materia se organiza en niveles de complejidad que no pueden reducirse a otros más sencillos de la típica manera reduccionista. Decir que se puede describir con éxito el funcionamiento de una célula a partir de quarks y electrones es una fantasía epistemológicamente incorrecta, aunque, en última instancia, las células estén hechas de quarks y electrones. En palabras de Anderson: «La capacidad de reducir todo a simples leyes fundamentales no implica la capacidad de partir de esas leyes y reconstruir el universo».[12]

La evolución de la vida es la expresión de un complejo compromiso entre fuerzas ascendentes y la causalidad ambiental descendente. Lo que en los sistemas físicos se denomina condiciones de contorno, las restricciones externas que determinan la dinámica final de un sistema compuesto por muchas partes que interactúan (estas restricciones pueden ser la forma de un recipiente, las propiedades viscosas de un medio difusivo, factores externos como cambios de temperatura o presión que fuerzan al sistema a diferentes estados, y muchas otras), en los sistemas vivos se convierte en un reto múltiple con una gran imprevisibilidad. Cualquier modelo viable debe reducir drásticamente el número de variables actuantes y, por tanto, tener una aplicabilidad limitada.

El gran biólogo Ernst Mayr enumeró algunas de las características distintivas de las ciencias biológicas que exigen una forma diferente de conceptualizar la vida: «El rechazo del determinismo estricto y de la confianza en leyes universales, la aceptación de la predicción meramente probabilística y de las narraciones históricas, el reconocimiento del importante papel de los conceptos en la formación de teorías, el reconocimiento del concepto de población y del papel de los individuos únicos».[13] El biólogo teórico Stuart Kauffman defiende elocuentemente este punto de vista cuando escribe sobre la evolución de la biosfera: «Una biosfera en devenir, un devenir rico y casi insondable [...] en formas que no podemos prever, pero que es de algún modo coherente. A pesar de los estallidos de extinción y de que el 99% de todas las especies han desaparecido, la biosfera sigue floreciendo. Y sigue y sigue, siempre en evolución más allá de lo que podamos afirmar antes de tiempo».[14] Ante los primeros organismos unicelulares, nadie habría predicho los dinosaurios. Existen profundas diferencias entre la materia viva y la no viva. Determinar estas diferencias no es tarea fácil.

¿Podemos distinguir lo vivo de lo inerte?

Como ilustración de estas dificultades definitorias, consideremos tres sistemas físicos muy diferentes: incendios, huracanes y estrellas. Aunque los tres tienen propiedades termodinámicas generales que utilizamos para describir la vida, agrupadas como *estructuras disipativas sin equilibrio*, sabemos que los incendios, los huracanes y las estrellas no están vivos. A medida que descubrimos las diferencias entre estos sistemas y los seres vivos, aprendemos más sobre lo que *hace* la vida, alejándonos de la pregunta más difícil de qué *es* la vida, al tiempo que reconocemos que estos dos aspectos de la vida están entretejidos en un todo enmarañado irreductible.

Pensemos primero en los incendios. Para mantenerse, el fuego se propaga y se alimenta de su entorno. Consumen oxígeno para seguir ardiendo, por lo que son sistemas termodinámicos abiertos, al igual que los seres vivos. Si se dan las condiciones adecuadas, los incendios se multiplican, a menudo con consecuencias devastadoras. Pero yo sé y tú sabes que los incendios no están vivos. No consideraríamos la propagación de un incendio como una forma de reproducción. No llamaríamos a la combustión del oxígeno una forma de proceso metabólico. ¿Por qué? Para empezar, los incendios no tienen historia. No tienen un mecanismo de almacenamiento de genes que utilicen para transmitir sus características a medida que se propagan. Tampoco tienen estrategias de supervivencia ni mecanismos de reparación. Si un incendio desciende por un barranco hacia un arroyo, seguirá ardiendo hasta que se detenga junto al agua y acabe extinguiéndose. No busca intencionadamente más combustible ni elabora estrategias para seguir ardiendo.

¿Y los huracanes? Al igual que los incendios, son sistemas complejos persistentes que están lejos del equilibrio (al igual que los seres vivos) y que necesitan el apoyo medioambiental adecuado para existir y mantenerse. Se «mueven» y están estrechamente vinculados a las condiciones locales de humedad, presión y temperatura. Si las condiciones atmosféricas son favorables, mantienen su forma básica. La Gran Mancha Roja de Júpiter es una gigantesca tormenta anticiclónica que ha perdurado durante al menos cuatrocientos años. Pero, al igual que ocurre con los incendios, no equipararíamos estas propiedades de los huracanes con el hecho de estar vivos.

Las estrellas son similares. Son autosuficientes, en el sentido de que convierten la energía potencial gravitatoria (implosionan lentamente) en las altísimas presiones y temperaturas de sus núcleos que favorecen las reacciones de fusión nuclear que necesitan para mantenerse. Incluso podría decirse que son entidades autocanibalizadoras que «comen» sus propias entrañas para sobrevivir. Las estrellas existen gracias a un constante tira y afloja entre la gravedad, que intenta apretarlas hacia dentro, y la fusión nuclear, que intenta hacerlas estallar. Sorprendentemente, esta situación, según parece inestable y muy dramática, puede hacer que las estrellas se mantengan estables durante miles de millones de años. Nuestro Sol, una estrella de tamaño modesto de algo menos de cinco mil millones de años de edad, se encuentra casi en la mitad de su «ciclo vital» (nótese la nomenclatura). Las estrellas se forman en regiones ricas en gases y elementos químicos denominadas viveros estelares (de nuevo). Cuando una estrella agota el combustible de su núcleo, muere (y de nuevo) en una enorme explosión, creando ondas de choque que propagan y esparcen su material por el espacio interestelar. Cuando estas ondas de choque de la estrella moribunda chocan con nubes de gas, pueden desencadenar la formación de nuevas estrellas. En un sentido amplio, las estrellas se reproducen, incluso compartiendo parte de su materia original con las nacientes; sin embargo, sabemos que las estrellas no están vivas.

Hay cierta poesía en el ciclo de la vida y la muerte de las estrellas, que cobra sentido gracias a nuestras propias experiencias vitales. Estamos tan imbuidos de vida que tendemos a verla en todas partes. Quizá sea una manifestación de los «ídolos de la tribu» de Francis Bacon, una de las cuatro barreras a la verdad que él denominó «ídolos y falsas nociones».[15] Tendemos a generalizar en exceso y a sacar conclusiones demasiado rápido, ignorando a menudo las pruebas en contra de nuestras opiniones. El resultado es que nos dejamos engañar fácilmente, porque tenemos muchas ganas de creer. Aquí es donde entra en juego la ciencia, como poderoso antídoto contra el pensamiento mágico, aunque falible. Aun así, podemos utilizar el razonamiento científico para distinguir entre lo vivo y lo no vivo, aunque a veces los límites entre ambos sean sutiles.

Una diferencia esencial es que los sistemas vivos presentan un aspecto imprevisible durante la reproducción, una variabilidad aleatoria que está ausente en los sistemas no vivos. En efecto, en los sistemas físicos, si repetimos las condiciones iniciales con gran precisión, un fuego ardería siempre igual, un huracán giraría igual y una estrella evolucionaría igual, aunque variaran pequeños detalles. Es como si los sistemas no vivos tuvieran un contenido de información casi congelado –una historia repetible de principio a fin–, mientras que los sistemas vivos es como si tuvieran un contenido de información fluido, una historia impredecible de principio a fin. Los incendios y los huracanes no evolucionan a partir de sus antepasados.

Los seres vivos aprovechan la energía disponible para mantenerse estables ante condiciones cambiantes, una propiedad conocida como *homeostasis*. Se llaman sistemas termodinámicos abiertos porque absorben energía del entorno y se deshacen de la que no necesitan. Por ejemplo, si hace calor, utilizamos nutrientes y agua para sudar y mantener el cuerpo fresco. Las estructuras disipativas no vivas, como los huracanes, los tornados, las células de convección y el flujo turbulento, también son sistemas termodinámicos abiertos que aprovechan la energía disponible para alcanzar un estado estacionario, manteniendo su estructura espacial general mientras las condiciones son favorables (imagine un huracán desplazándose por el mar Caribe hacia Florida). La diferencia esencial es la pasividad de las estructuras disipativas no vivas frente al comportamiento activo de los sistemas vivos. La vida crea estrategias para encontrar nutrientes incluso a nivel bacteriano (quimiotaxis), detectando el mejor camino que seguir mediante una interacción aún desconocida de causalidad ascendente y descendente. Usamos palabras como «volición», «impulso», «autonomía» y «control» para describir sistemas vivos e incluso biosferas, pero no las usaríamos para describir incendios, huracanes o estrellas. Sin embargo, el enigma de cómo surge la vida a partir de la no vida sigue siendo tan misterioso como siempre. ¿Cómo una aglomeración de materia inanimada, más allá de un nivel desconocido de complejidad bioquímica, se convierte en un ser vivo? Aún no sabemos cómo pensar en la transición de lo no vivo a lo vivo, o cómo un conjunto de sustancias químicas inanimadas se convierte en una entidad con un propósito.

El virtuoso y creativo círculo de la vida

La vida es un proceso que capta energía y metabolitos para mantenerse y reproducirse. Los seres vivos son, pues, una paradoja, dado que son a la vez una unidad que se distingue del entorno en el que existen y, al mismo tiempo, dependen y son inseparables de él. Como escribió el biólogo visionario chileno Francisco Varela: «Una célula sobresale de una sopa molecular definiendo y especificando límites que la distinguen de lo que no es. Sin embargo, esta especificación de límites se realiza a través de producciones moleculares posibles gracias a los propios límites». Para ilustrarlo, Varela utiliza el famoso dibujo de M.C. Escher de dos manos que salen de una página para dibujarse a sí mismas: «La célula se dibuja a sí misma a partir de un fondo homogéneo», sobresaliendo sola por sí misma a la vez que emerge, formando parte del fondo del que emerge. Los límites que especifican la célula viva –por muy esenciales que sean–, son difusos y mezclan «productor y producto, principio y fin, entrada y salida».[16]

Entonces, ¿dónde trazar la frontera entre lo vivo y lo no vivo, dado que ambos están inextricablemente conectados? El aire que respiramos, el calor que nos sustenta, los alimentos que comemos, el complejo bioma bacteriano de nuestros intestinos... también son nosotros y nosotros también somos ellos. Lo que somos, nuestro ser, se extiende más allá de los límites de nuestros cuerpos físicos. El *proceso* de la vida requiere una conexión con el exterior, difuminando los límites entre lo vivo y lo inerte de formas realmente desconcertantes. Aunque de manera intuitiva nos inclinamos a distinguir lo vivo de lo no vivo, el «yo» viviente de los «otros» no vivientes que rodean al yo, la distinción es a la vez obvia y confusa. Sabes que eres tú y no el aire que respiras o los alimentos que comes. Pero también estás enredado con ambos y no podrías ser tú mismo sin que estuvieran dentro y fuera de ti.

Varela llamó a este cierre un extraño bucle, un «círculo virtuoso y creativo». Extraño, porque choca directamente con la presunta objetividad de la ciencia, que se basa en el supuesto de una clara separación entre observador y observado. De hecho, la biología es a menudo contrastada con la física cuántica precisamente por ser la ciencia en la que esta separación es más clara. Podemos utilizar un microscopio para ver las bacterias nadando en la sopa molecular en una placa de Petri. Esto suena muy claro y objetivo; sin embargo, la sopa molecular de la placa de Petri afecta a las bacterias que nadan en ella y estas, a su vez, afectan a la sopa molecular. El observador toma decisiones que afectan a la placa de Petri y a las bacterias que nadan en ella. Aquí tenemos un *entrelazamiento de autonomías*, desde las bacterias y la sopa molecular en una placa de Petri hasta el científico en el laboratorio. Desde la perspectiva del observador, todo lo que ocurre durante la observación depende de la experiencia del observador de estar en el laboratorio, registrando mediciones mientras respira el aire circundante y metaboliza el almuerzo. Este entrelazamiento de autonomías no acaba aquí. Este desdibujamiento de los límites tiene consecuencias críticas sobre cómo definimos la biosfera –la totalidad de la vida a escala planetaria– y nuestra relación con ella. Los extraños bucles se enlazan en la cadena de la vida y no tienen sentido por separado. Si se quita un eslabón de la cadena, la vida deja de ser posible y su desaparición afecta a otros bucles. Para ser viable, la vida desdibuja sus propios límites.

¿Dónde empieza y dónde acaba un ser vivo? Un bosque es una totalidad conectada de árboles, hongos, bacterias, animales, insectos, pájaros, cada uno con funciones específicas, todos interdependientes. Aunque cada individuo lleva a cabo el duro trabajo de mantenerse con vida, buscando comida, comiendo, matando, escapando, respirando, anidando, reproduciéndose, profundizando en el suelo o ascendiendo hacia la luz del sol, existe una unidad de propósito en la variedad de acciones, un impulso compartido de ser, de permanecer vivo. Si se elimina una especie o se modifica el entorno más allá de un cierto nivel crítico, la integridad del bosque se ve comprometida. La vida es un colectivo.

¿Cómo de común es la vida en el universo?

Si preguntamos a la mayoría de los astrónomos y físicos sobre la vida en el Universo, la respuesta suele ser la siguiente: bien, consideremos nuestra galaxia, la Vía Láctea. Contiene unos cien mil millones de estrellas, y ahora sabemos que la mayoría de ellas tienen planetas. Redondeando las cifras, estamos hablando de un billón de planetas o más. Si añadimos las lunas como posibles mundos que albergan vida, llegamos sin esfuerzo a los trillones. Cada mundo es diferente. Cada mundo tiene una historia increíblemente rica, que depende de su estrella madre, de las sustancias químicas disponibles en la región y de los detalles de formación y evolución del mundo. Es mucho terreno. Si queremos reducir la muestra, las estimaciones actuales son que alrededor del siete por ciento de las estrellas de la galaxia son «enanas G» como nuestro Sol. Eso son unos siete mil millones de estrellas similares al Sol. Añádase a esto el hecho de que las observaciones recientes indican que cada estrella similar al Sol alberga entre 0,4 y 0,9 planetas rocosos en su zona habitable, y llegaremos a la asombrosa cifra de unos tres mil millones o más de planetas rocosos con potencial para albergar vida sólo en nuestra galaxia.[17]

Según este argumento basado en una astronomía de cifras enormes, la vida debería ser omnipresente en toda la galaxia. Obsérvese que el argumento no dice nada sobre qué *tipo* de vida deberíamos esperar, simple o compleja, unicelular o multicelular, inteligente o no. No puede, por supuesto, dado que sólo estima la posibilidad de que un mundo pueda albergar vida basándose en su composición rocosa y el potencial de tener agua líquida en su superficie.

A las estimaciones del enorme número de mundos rocosos y potencialmente con agua, suelen añadir el principio de mediocridad,[18] heredero del copernicanismo cuando se aplica a la astronomía, como hemos visto en el capítulo 2: no hay nada especial en nuestra galaxia, nuestro Sol, la Tierra o la evolución de la complejidad biológica observada aquí, incluida la diversidad de las especies e inteligencia. De ello se deduce que la vida, incluso la inteligente, debería ser común en planetas similares a la Tierra en todo el Universo. Bajo el principio de mediocridad, somos la regla, la mayoría mediocre, y no la excepción interesante y relevante. Dado que ahora tenemos una estimación del número de tales mundos, los científicos físicos suelen concluir que deberíamos esperar encontrar vida en millones y millones de otros mundos sólo en nuestra galaxia. El principio de mediocridad es un triste ejemplo de pensamiento inductivo desatado.

Afortunadamente, no todo el mundo, ni siquiera dentro de las ciencias físicas, está de acuerdo. En 2000, el geólogo y biólogo evolutivo Peter Ward y el astrobiólogo Donald Brownlee publicaron *Rare Earth: Why Complex Life Is Uncommon in the Universe*.[19] Ward y Brownlee argumentaron con razón que ser un planeta rocoso con agua superficial no es suficiente para determinar la existencia de vida en un planeta, y mucho menos vida compleja, al menos vida compleja tal y como la conocemos (esta restricción es importante. No sabemos cómo calificar la posible existencia de vida tal y como no la conocemos, ya lo hemos mencionado anteriormente).

Ward y Brownlee distinguen los requisitos de la vida simple (microbiana) y compleja (multicelular), vinculándolos a las propiedades que pueda tener el planeta. La Tierra, el único ejemplo que tenemos a mano, cuenta con varias propiedades geofísicas que conspiran a fin de proporcionar la estabilidad a largo plazo que la vida necesita para evolucionar de simple a compleja a través del proceso de selección natural.[20] La estabilidad a largo plazo no significa que el planeta no cambie a lo largo de los eones (la Tierra ha cambiado mucho a lo largo de su historia), sino que los cambios, incluso cuando son extremos, permiten a la vida sobrevivir en algunos nichos, mutar y readaptarse a los inevitables y a menudo dramáticos cambios ambientales aleatorios que se desarrollan en el transcurso de miles de millones de años. Las erupciones volcánicas masivas, el espectacular desplazamiento de las placas tectónicas y la formación de continentes, así como las devastadoras colisiones de asteroides y cometas, son algunas de las causas de las cinco extinciones mundiales conocidas de los últimos 440 millones de años. Ahora estamos asistiendo a una sexta oleada de extinciones, conocida como la extinción del Holoceno o, para muchos, la extinción del Antropoceno, dada la correlación entre el rápido ritmo de extinción de especies animales y vegetales durante los últimos diez mil años y la agresiva presencia de los seres humanos en el planeta.[21]

Las propiedades geofísicas de la Tierra que actúan para proteger la vida incluyen, entre otras, la tectónica de placas, una gran luna única y un campo magnético lo suficientemente fuerte como para servir de escudo contra la radiación destructora de la vida procedente del Sol y del espacio exterior. Estas propiedades hacen de la Tierra un mundo mucho más raro entre los planetas rocosos. Aun así, la vida aquí estuvo muy cerca de la esterilización total. Esto se suma al argumento de Ward y Brownlee de que cuando se trate de vida en otros lugares del cosmos, la vida simple será mucho más probable que la vida compleja, que es más frágil que la vida compleja, más frágil ante los cambios ambientales.

En 2015, Peter Ward unió fuerzas con el geofísico de Caltech Joe Kirschvink para publicar una versión actualizada de *Rare Earth* llamada *A New History of Life: The Radical New Discoveries About the Origins and Evolution of Life on Earth.*[22] Ward y Kirschvink perfilan los pasos que conducen a la transición de la no vida a una protocélula viva:

1. La síntesis y acumulación de pequeñas moléculas orgánicas, como aminoácidos y nucleótidos. Los fosfatos también son importantes, ya que son la columna vertebral del ARN y el ADN.
2. La unión de dichos componentes en moléculas mayores como las proteínas y los ácidos nucleicos.
3. La agregación de proteínas y ácidos nucleicos dentro de gotitas grasas para formar las primeras protocélulas.
4. La capacidad de replicar las grandes moléculas complejas para establecer la herencia.

Mientras que el paso 1 puede realizarse en el laboratorio, la síntesis artificial de ARN y ADN es mucho más complicada. Se trata de moléculas muy complejas que se descomponen cuando se calientan, sugiriendo que se fabricaron por primera vez en ambientes fríos o moderadamente templados. Es muy plausible que la vida experimentara con muchos replicadores moleculares primitivos antes de dar con el ARN. Cuáles fueron esos primeros replicadores sigue siendo un misterio.

Una vez fabricada una protocélula, la biología se pone en marcha a todo tren. A partir de aquí, el camino que comienza con las células procariotas y conduce a complejas y multiorgánicas criaturas está plagado de enormes incógnitas. Aquí es donde encontramos, a grandes rasgos, un distanciamiento entre los científicos físicos y biológicos sobre la ubicuidad de la vida en el cosmos.

En un libro anterior, enumeré los nueve pasos desde la no vida a la vida inteligente:[23]

(1) Química inorgánica → *(2) Química orgánica simple* →
(3) Bioquímica → *(4) Primera vida (protocélulas)* →
(5) Células procariotas → *(6) Células eucariotas* →
(7) Vida multicelular → *(8) Vida multicelular compleja* →
(9) Vida inteligente.[24]

Los cuatro primeros pasos de esta lista se alinean bien con los de Ward y Kirschvink ya descritos. Sin embargo, para llegar a la vida inteligente hay cinco pasos adicionales (pasos 5 a 9), todos extremadamente complejos y, muy posiblemente, harto improbables (no podemos ser precisos en términos de probabilidades dado que sólo conocemos la vida en la Tierra). Aquí están con más detalle, retomando desde el paso 5:

1. **De protocélulas a células procariotas.** Se desconocen los pasos de transición de las proteínas complejas y los ácidos nucleicos a las protocélulas primitivas y, luego, a las primeras células procariotas. Presumiblemente, una membrana protectora formada por moléculas grasas rodeaba las sustancias químicas que reaccionaban, aislándolas del entorno exterior (las gotitas de grasa son

hidrófobas, es decir, mantienen alejada el agua). Con creciente eficacia, la membrana permitía la entrada de energía y nutrientes y la salida de desechos; mientras tanto, el material genético del interior de las células primitivas se replicaba, dando lugar a una rápida diversificación. Este era el mundo de los protozoos, en el que la selección natural impulsaba a las protocélulas hacia una mayor eficiencia metabólica y reproductiva mediante el método de ensayo y error. La vida surgió sin un plan.

2. **De células procariotas a eucariotas.** Contamos con pocos conocimientos sobre el siguiente paso en la complejidad de la vida: la aparición de células eucariotas a partir de células procariotas, aunque sabemos que la transición duró cerca de dos mil millones de años. La opinión más aceptada, sugerida por la bióloga Lynn Margulis, es que las eucariotas se desarrollaron a partir de alianzas simbióticas entre procariotas. Por ejemplo, se cree que las mitocondrias, el pequeño motor de la célula moderna, fueron un organismo independiente en un pasado lejano que fue devorado o absorbido por otra célula.[25]

3. **De la vida unicelular a la pluricelular.** Después viene otro paso crucial, la transición, unos tres mil millones de años después de los primeros rastros conocidos de vida, de los organismos unicelulares a los pluricelulares. Al igual que ocurrió con la transición de procariotas a eucariotas, los organismos pluricelulares quizás también evolucionaron a través de procesos simbióticos de ensayo y error, a medida que diferentes tipos de organismos unicelulares se vinculaban entre sí (o se ingerían mutuamente), y se volvieron pluralistas en forma y función. Sin embargo, es difícil entender cómo los distintos tipos de

ADN de diversos organismos se incorporaron a un único genoma. Como explicación alternativa, la «teoría colonial» propone que las criaturas unicelulares se agruparon en colonias que evolucionaron lentamente hasta convertirse en animales pluricelulares. Aunque el debate sigue abierto, la teoría colonial sigue ganando adeptos.

4. **De la vida pluricelular a la vida pluricelular compleja.** Muchos científicos proponen que los cambios ambientales desempeñaron un papel fundamental en la aceleración de la diversidad de organismos multicelulares complejos que alcanzó su clímax durante la llamada explosión cámbrica, hace unos 530 millones de años. Los principales fueron el rápido aumento de la disponibilidad de oxígeno en la atmósfera y la aparición de la formación de continentes y la tectónica de placas, con la consiguiente remezcla de la química de la superficie y los océanos. La tectónica funciona como un termostato global, reciclando sustancias químicas que ayudan a regular los niveles de dióxido de carbono en la atmósfera y a mantener estable la temperatura global. Sin ella, el agua de la superficie no habría permanecido líquida durante miles de millones de años, y la vida, especialmente la vida compleja, se habría enfrentado a obstáculos insuperables.

5. **De la vida multicelular compleja a la vida inteligente.** Tras unos quinientos millones de años de evolución de los organismos multicelulares, que incluyeron muchas extinciones masivas graves y cambios climáticos, los primeros miembros del género *Homo* aparecieron en África hace unos cuatro millones de años. La inteligencia tal y como la conocemos tiene menos de un millón de años. Ha existido durante menos del 0,02% de la historia de la Tierra.

Contrastando los puntos de vista de las ciencias físicas y biológicas, es difícil (por no decir erróneo) justificar el optimismo ingenuo de que la vida, y en particular la vida inteligente compleja, esté omnipresente en el cosmos. No hay nada trivial, común o mediocre en lo que ha ocurrido en nuestro planeta. Todo lo contrario: cuanto más aprendemos sobre otros mundos, más valioso es el nuestro. Por lo que hemos aprendido de la vida en la Tierra, los muchos pasos necesarios desde los aminoácidos simples a criaturas multicelulares autoconscientes capaces de reflexionar sobre el sentido de la existencia, junto con el «inquietante silencio» de las civilizaciones extraterrestres,[26] apuntan forzosamente hacia nuestro mundo cósmico, a nuestra soledad cósmica y no a un universo de *La guerra de las galaxias* poblado de todo tipo de criaturas inteligentes en mundos lejanos.

Por supuesto, dada la ausencia de pruebas, no podemos concluir con seguridad a favor o en contra de la existencia de vida extraterrestre de ningún tipo. Encontrar otra vida, ya sea directamente a través del contacto, o indirectamente a través de biofirmas en exoplanetas lejanos, es el único camino posible hacia la claridad. Dicho de otro modo: no encontrar otra vida no es prueba de su ausencia, sino sólo de rareza o de nuestra incapacidad para comprender qué es esa otra vida. El Universo es vasto y nuestro alcance, limitado; sin embargo, somos nosotros quienes lo sabemos. Al reflexionar sobre la existencia de vida en otros lugares, enriquecemos el cosmos con nuestra presencia. El Universo tiene una historia sólo porque estamos aquí para contarla.

7. Lecciones de un planeta vivo

«Soy amante de la belleza incontenible e inmortal».

RALPH WALDO EMERSON, *Nature*

La vida y el planeta son uno

La historia de la vida en la Tierra es la historia de la Tierra con vida. Desde que la vida se afianzó aquí hace unos 3.500 millones de años, interactuó con el planeta, transformándolo a la vez que esta era transformada por el planeta. Planeta y vida son como el ouroboros, el símbolo de la serpiente que se muerde la cola, formando un círculo cerrado. Una vez que la vida se apodera de un planeta, ambos se convierten en una totalidad inseparable. Podemos pensar que los humanos somos la primera especie que afecta globalmente al planeta, en nuestro caso en detrimento de la biosfera, pero eso es incorrecto. Las pruebas actuales sugieren que las bacterias fotosintetizadoras conocidas como *cianobacterias* estaban activas hace unos dos mil doscientos millones de años y vertían grandes cantidades de oxígeno en la atmósfera primitiva de la Tierra.[1] El oxígeno llenó el aire y se difundió a través de los océanos, creando una capa de ozono como subproducto. Esta capa, a su vez, protegió la superficie de la

Tierra de la destructiva radiación ultravioleta solar, protegiendo a las incipientes formas de vida y acelerando el proceso en un bucle de retroalimentación positiva. Una atmósfera rica en oxígeno cambió el juego de la vida. Ninguna otra molécula permite más rápidas y energéticas reacciones químicas metabólicas. En consecuencia, los organismos capaces de utilizar el oxígeno obtuvieron una enorme ventaja evolutiva. Si un astrónomo extraterrestre observara la Tierra en esta etapa de su evolución, encontraría un espectro con una enorme firma de oxígeno que esencialmente proclama: «La vida está activa aquí y la fotosíntesis manda». Por eso no podemos separar la historia de un planeta que alberga vida de la historia de la vida en ese planeta. Esas antiguas cianobacterias fotosintéticas cambiaron la Tierra, dando lugar al «gran evento de oxigenación». Nosotros y otras formas de vida que demandan energía estamos aquí en gran parte debido a este cambio.

El problema es que el oxígeno es un gas muy tóxico cuando se ingiere en grandes cantidades (por ejemplo, los submarinistas y los astronautas necesitan controlar su ingesta de oxígeno para evitar una condición llamada hiperoxia que causa graves daños en los tejidos y la muerte). Las cianobacterias crearon una atmósfera sobresaturada de oxígeno, sin nada que lo aprovechara. Cualquier chispa de rayo generaba enormes fuegos rugientes que calcinaban la superficie terrestre. La situación se estabilizó cuando aparecieron organismos capaces de respirar oxígeno. Fue entonces cuando las mitocondrias hicieron su entrada triunfal. Tienen su propio ADN, lo que indica que una vez fueron organismos errantes, microbios capaces de procesar oxígeno. Entonces ocurrió algo extraordinario. Las células procariotas primitivas ingirieron mitocondrias y, de alguna manera, se transformaron en células eucariotas, más grandes y sofisticadas, que son las que se encuentran hoy en día en el cuerpo de todos los animales y plantas, excepto las eubacterias (como las cianobacterias) y las arqueobacterias, una especie de grupo intermedio entre los dos tipos de células.

En el lapso de 200 millones de años, hace unos mil novescientos millones de años, los organismos eucariotas habían evolucionado hasta el punto de restablecer el equilibrio del ciclo global del carbono, convirtiendo la Tierra en una plataforma viable para la biodiversidad. Es entonces cuando se suele estimar la aparición del último ancestro común universal (LUCA) de todos los eucariotas, la población más reciente de organismos de los que emergieron todas las formas de vida de la Tierra, desde las primitivas esponjas y helechos hasta el *T. rex*, los hongos y nosotros. Toda la vida surge de la misma fuente.

Nuestra Eva colectiva es una bacteria que vivió hace unos dos mil millones de años. La historia de la vida en la Tierra demuestra que toda la vida está conectada y que compartió la misma semilla en un pasado lejano. Ahora sabemos que los detalles de la evolución de la vida dependen de la compleja interacción entre la vida y el planeta. El azar desempeña un papel importante, desde las mutaciones genéticas hasta los cataclismos, como las erupciones volcánicas masivas y las colisiones con asteroides y cometas. Además, se produjeron graves glaciaciones, cuando todo el planeta estuvo cubierto de hielo: la Tierra era una bola de nieve. El propio éxito de la actividad fotosintética de las cianobacterias limpió la atmósfera de metano y dióxido de carbono, creando una especie de efecto invernadero inverso: la disminución de los gases de efecto invernadero en la atmósfera provocó un rápido descenso de la temperatura, causando que los océanos se congelaran desde los polos hasta el ecuador. El hielo que cubría los océanos encerró enormes franjas de cianobacterias debajo, ahogando la producción de oxígeno. La vida disminuyó bruscamente, pero perseveró. Las cianobacterias sobrevivieron cerca de fuentes de calor y piscinas de agua caliente, como las que aún vemos en Islandia y la Antártida. Cuando el hielo se derritió, los niveles de oxígeno se dispararon y cada bola de nieve que se producía en la Tierra daba paso a una nueva serie de estímulos creativos. La extraordinaria capacidad de la vida de reinventarse parece prosperar cuando más lucha por la supervivencia.

Hace unos 640 millones de años se produjo un dramático acontecimiento en la Tierra que preparó el terreno para que, hace 530 millones de años, se produjera la explosión cámbrica, a veces llamada el Big Bang de la biología. Una profusión salvaje de animales diversos, en los mares y en la tierra, se extendió como el fuego en un período geológicamente corto de unos veinte millones de años, transformando la biosfera de forma asombrosa. Surgieron animales multicelulares complejos, cambiando para siempre el paisaje de la diversidad evolutiva. El gran experimento de la vida se desarrolló en los límites de lo metabólicamente posible, expandiendo de manera espectacular su variedad en todos los nichos imaginables que ofrecía el planeta.

A lo largo de esta historia, la regla fundamental para el éxito de las formas de vida emergentes fue y siguió siendo la misma: la adaptabilidad a las cambiantes condiciones ambientales. Si hace demasiado calor o demasiado frío, si disminuyen las reservas de alimentos, si la calidad del aire se ve comprometida, si un nuevo depredador se vuelve demasiado eficaz para cazar o una presa para escapar, las especies se esforzarán por adaptarse. El fracaso significa la extinción. Las mutaciones beneficiosas pueden venir al rescate, pero son bastante raras y sus efectos se propagan lentamente, sobre todo en el caso de los animales más complejos con periodos de gestación más largos.

La historia de la vida en un mundo es única. Nunca se repetirá en ningún otro lugar, ni siquiera en mundos que compartan propiedades geofísicas muy similares. La vida en una hipotética Tierra 2.0, si es que existe, será muy diferente de la vida aquí. Seguramente reaparecerán ciertos rasgos evolutivos, como la simetría bilateral que vemos en tantas especies de la Tierra, pero la vida será cada vez un nuevo experimento, coevolucionando con el mundo que la albergue, imprevisible en su desarrollo. Ningún modelo que partiera de una bacteria en la Tierra primitiva podría predecir una langosta o una jirafa.

No hay ningún plan detrás de lo que ocurre en el juego de la vida. Nuestra existencia nunca estuvo prevista. Si no hubiera ocurrido un episodio clave en la historia de la Tierra, la vida habría tomado un camino diferente en una dirección desconocida y no estaríamos aquí. El más famoso de estos acontecimientos es la colisión de la Tierra hace sesenta y cinco millones de años con un asteroide de trece kilómetros de anchura en la actual península de Yucatán, en México. Ese único suceso extinguió el 75% de las especies vivas de entonces, incluidos los dinosaurios.[2] Cuando esta roca del tamaño de Manhattan se estrelló contra el suelo a una velocidad de unos cuarenta mil kilómetros por hora, abrió un agujero en nuestro planeta de 110 kilómetros de ancho y 12 de profundidad, desencadenando una devastadora combinación de terremotos, incendios y tsunamis, seguido de una nube de polvo y escombros que cubrió la Tierra durante meses. A medida que las temperaturas caían con rapidez, las plantas sin luz solar morían, causando una drástica alteración en la cadena alimentaria. Las especies que podían volar, excavar madrigueras o bucear tenían enormes ventajas para sobrevivir, incluidos los pequeños mamíferos que ya existían entonces. Tras 60 millones de años de mutaciones y cambios ambientales, la primera especie de homínidos se separó de los simios, dando lugar a nuestra especie hace unos 300.000 años. En comparación con la edad de la Tierra, acabamos de llegar. Comprimiendo 4.500 millones de años en un día, los humanos aparecemos en esta historia sólo 5,7 segundos antes de la medianoche. Somos unos recién llegados que nos creemos los dueños del lugar.

Antes de este suceso cataclísmico, los dinosaurios existían desde hacía unos 150 millones de años, con la diversidad de sus muchas especies cambiando lentamente a través de mutaciones y presiones selectivas. Evolucionaron durante todos estos milenios y no parecen haber llegado a ser inteligentes como para desarrollar tecnologías o escribir poesía. Por inteligencia no me refiero a la astuta estrategia de un depredador, ni a las sofisticadas madrigueras subterráneas de los perritos de las praderas y otros animales, con túneles que conectan diferentes grupos y cámaras para los bebés y el almacenamiento de alimentos. Más bien me refiero a la capacidad de pensamiento simbólico y a la habilidad de utilizar el fuego para cocinar alimentos más digeribles y nutritivos, así como otras técnicas para transformar materias primas en herramientas que sirven para diversos fines, desde armas hasta rejas de arado. Lo esencial aquí es que la evolución no es una vía de sentido único hacia la inteligencia, aunque esta sea claramente una respuesta adaptativa ventajosa a un entorno cambiante. En otras palabras, la inteligencia no es el resultado ineludible de un gran plan maestro para la vida. Surgió aquí por casualidad, y si surge en otro lugar en el Universo, también será por casualidad.[3]

La vida aquí se extendió por tierra, mar y aire, generando una asombrosa diversidad de plantas y animales durante los últimos 500 millones de años, pero la inteligencia sólo floreció recientemente, lo que sugiere con fuerza que la vida inteligente debe ser rara en el Universo. Es difícil cuantificar el grado de rareza, aunque, como hemos visto, la complejidad de cada paso que lleva de las protocélulas a la vida multicelular inteligente, junto con el profundo silencio del cosmos, apuntan a una rareza extrema, si no a nuestra singularidad. Esto hace que la existencia de inteligencia en este planeta sea aún más relevante, sorprendente y notable. No debemos dar por sentada nuestra existencia aquí, ni lo que ella implica.

La historia de la vida en la Tierra es una historia de contingencias. Lo mismo ocurrirá en cualquier mundo donde surja la vida. No existe un único camino para la evolución de la vida. No hay ninguna ley de la Naturaleza que nos diga que, si la vida comienza con bacterias, necesariamente evolucionará hacia criaturas parecidas a los seres humanos. La inteligencia es una ventaja evolutiva, por supuesto, pero esto no significa que la vida vaya a evolucionar *necesariamente* hacia criaturas inteligentes, como dejan claro 150 millones de años de dinosaurios y 2.000 millones de años de organismos unicelulares. Nosotros no debemos tomarnos a la ligera la existencia de *ningún* ser vivo. La ciencia moderna nos dice que no hay nada común o mediocre en *ninguna* forma de vida. Nos dice que ninguna forma de vida es predecible. La evolución es como un mapa en el que los límites se expanden hacia posibilidades indecibles. El copernicanismo nunca debe aplicarse a discusiones sobre la posibilidad de vida en otros mundos. Cuando se trata de la vida, el razonamiento inductivo es la herramienta equivocada.

El universo despierta

Los argumentos presentados hasta ahora en este libro sugieren que debemos ir más allá de las simples generalizaciones y extrapolaciones cuando discutimos la existencia de vida, y especialmente la existencia de vida inteligente, en el Universo. El gran número de exoplanetas y sus lunas, tantas veces citado, el gran número de galaxias, la validez de las leyes físicas y químicas en todo el Universo conocido, el número de planetas similares a la Tierra que orbitan alrededor de sus estrellas anfitrionas dentro de sus zonas habitables –posiblemente miles de millones sólo en nuestra galaxia– no bastan para afirmar nada concreto sobre la existencia de vida extraterrestre. A lo sumo, se trata de condiciones previas necesarias, ni mucho menos suficientes, para que la vida florezca en otros lugares, los primeros peldaños de una escalera muy larga. De hecho, anhelamos tanto la vida extraterrestre que estamos perplejos por su ausencia, dado que, a pesar de todas estas propiedades astroquímicas que parecen favorecer la vida en el cosmos, la vida resulta ser tan esquiva fuera de nuestro mundo.

Pero podemos y debemos darle la vuelta al argumento. En lugar de lamentarnos por la ausencia de vida en otros lugares y temer la posibilidad de nuestra soledad cósmica, deberíamos celebrar la vida que florece aquí y utilizar este conocimiento para volver a contar nuestra propia historia. La vida en la Tierra es rara y preciada, y somos la única especie que lo sabe. Nuestro planeta es un orbe azul vivo que flota en la fría inmensidad de un cosmos al que no le importa nuestra existencia ni la de nadie. Al Universo no le importa. Gracias a nuestras capacidades cognitivas, la tenacidad de nuestro espíritu y nuestro afán de saber, hemos podido descubrir muchos capítulos de la historia cósmica, incluidas partes de nuestra propia historia en este mundo. Esta es nuestra gran narrativa épica del devenir, mítica en su alcance y significado, la historia del cosmos y de la vida, y la comprensión de que esta historia es nuestra historia. La vida es el puente entre los eones, el luminoso faro que nos ha permitido mirar al pasado lejano para descubrir cómo nuestra historia y la de todo el cosmos están profundamente entrelazadas. El Universo tiene una historia sólo porque nosotros estamos aquí para contarla.

La historia de la vida en el Universo puede contarse en términos de los pasos necesarios para que la materia se haya autoorganizado secuencialmente en estructuras de complejidad creciente, desde partículas elementales de materia hasta cerebros con un grueso córtex frontal. He organizado esta historia en eras, a las que llamo las Cuatro Eras de la Astrobiología.[4] La Era Física comienza con el Big Bang y la síntesis de los primeros núcleos atómicos y llega hasta la formación de las estrellas y los planetas. La Era Química continúa con la síntesis de elementos químicos más pesados y biomoléculas sencillas, hasta llegar a la Era Biológica, al menos en la Tierra, en la que surgió la vida hace unos 3.500 millones de años y evolucionó hacia criaturas vivas de creciente complejidad. Por último, hace unos 300.000 años, durante la Era Cognitiva, nuestros antepasados homínidos se ramificaron y se convirtieron en criaturas con capacidad de pensamiento simbólico y lenguajes complejos. La historia de la vida en el Universo comienza con el origen del Universo, desarrollándose durante 13.800 millones de años hasta que la vida alcanza la capacidad de autoconciencia con la Era Cognitiva. Cuando la vida es suficientemente compleja para contar su propia historia, el Universo despierta.

La Era Física comienza con el alba de los tiempos, el Big Bang. No sabemos cómo dar sentido al origen de todas las cosas: el problema de la Primera Causa. Nuestros modelos físicos son mecanicistas, basados en la causa y el efecto, y no pueden incorporar una causa no causada sin que hagamos suposiciones indemostrables. El multiverso, como hemos visto, no es una solución a la Primera Causa, como tampoco lo es ningún modelo físico que suponga la existencia de este o aquel tipo de geometría, o de este o aquel tipo de materia en el «principio», incluidos los modelos que prescriben un periodo ultrarrápido de expansión temprana, conocidos como cosmología inflacionaria.[5] Lo mejor que pueden hacer los modelos es hacer predicciones que sean compatibles con las propiedades del Universo que podemos medir, aunque la compatibilidad no es un criterio de verdad. Aun así, sabemos cómo contar la historia a partir de unas fracciones de segundo después del «principio», cuando el espacio estaba lleno de materia y radiación. El hecho de que podamos hacerlo es un logro espectacular de la ciencia moderna.

El Universo nació en el tiempo y el espacio, también. El tiempo marcó la expansión cósmica, el ritmo al que aumentaba la distancia entre dos puntos fijos cualesquiera del espacio. Esta expansión cósmica comenzó hace 13.800 millones de años y aún sigue desarrollándose. No conocemos los detalles de cómo surgió la materia, o qué tipos de materia, en este panorama; por ahora, tenemos modelos provisionales. Pero sí sabemos que el espacio en expansión estaba lleno de materia que interactuaba furiosamente consigo misma y con la radiación, y que a medida que el espacio crecía, la materia y la radiación se enfriaban («radiación» significa aquí radiación electromagnética, luz y sus formas invisibles, como infrarrojos y rayos X).

La Era Física cuenta la historia de cómo esta sopa primigenia evolucionó hasta convertirse en los protones y neutrones que encontramos en los núcleos de todos los átomos, y cómo los protones y neutrones se combinaron para formar los núcleos de los átomos más ligeros y sus isótopos cuando el Universo tenía unos pocos minutos de edad.[6] Después de eso, el siguiente gran cambio ocurrió cuando un tipo diferente (y aún desconocido) de materia llamada materia oscura empezó a agruparse debido a la gravedad, atrayendo también a la materia normal. Con el tiempo, estas aglomeraciones de materia oscura y normal se convirtieron en las primeras galaxias y estrellas. Pero antes, unos trescientos ochenta mil años después del comienzo, se produjo otra gran transición: la formación de los primeros átomos, cuando electrones y protones se unieron para formar hidrógeno. A partir de entonces, el Universo tuvo átomos de hidrógeno, radiación y unos pocos núcleos flotantes, todos ellos atraídos por estos cúmulos crecientes de materia oscura. Al cabo de decenas de millones de años, la gravedad había comprimido tanto estos cúmulos que el hidrógeno de sus núcleos empezó a fusionarse en helio, un proceso conocido como *fusión nuclear*, el motor que impulsa las estrellas. Esta es la edad de las primeras estrellas, enormes bolas de hidrógeno que vivieron vidas cortas y dramáticas. A medida que ardían, fusionaban elementos químicos cada vez más pesados en sus núcleos, antes de hacer estallar sus entrañas en espectaculares y potentes explosiones de supernova. Tras ellas quedaron agujeros negros, algunos de los cuales se convirtieron en el germen de galaxias nacientes, al tiempo que formaban más estrellas que explotaban y fabricaban más elementos químicos. Mil millones de años después del Big Bang, las galaxias poblaban el espacio, con estrellas de diversos tamaños y nubes de gas, en su mayoría hidrógeno, que contenían elementos químicos más pesados. Con las estrellas llegaron los planetas, dando lugar a la Era Química.

Durante la Era Química, las estrellas fabricaron elementos químicos más pesados y, al explotar, esparcieron sus entrañas por el espacio interestelar, sembrando las estrellas y planetas nacientes con la materia de la vida. Surgió una química más compleja, que incluía moléculas de dióxido de carbono, metano y amoníaco, algunas forjadas en planetas jóvenes, otras en regiones gaseosas llamadas guarderías estelares, donde nacen las estrellas. El Universo se expandió y enfrió aún más, las galaxias envejecían y se alejaban unas de otras y algunas de sus lunas se enriquecieron progresivamente con sustancias químicas más pesadas, incluidas sustancias orgánicas simples. Con el tiempo se fue creando el escenario para que surgiera la vida en algún lugar del Universo. Alrededor de 9.300 millones de años después del comienzo, nació nuestro sistema solar. Del ardiente caos de sus orígenes, un planeta rocoso fue tomando forma lentamente, el tercero de la estrella central, un planeta con mucha agua y una atmósfera rica en dióxido de carbono. Mil millones de años después, surgió la primera vida unicelular, marcando la transición de la Era Química a la Biológica.

Mientras que las Eras Física y Química siguen su curso en todo el Universo a medida que las estrellas nacen y evolucionan hasta su desaparición, las Eras Biológica y Cognitiva son características conocidas sólo de nuestro sistema solar, al menos por ahora. Las dos edades relacionadas con la vida pueden haberse desarrollado en otros lugares (y pueden seguir haciéndolo), pero sólo lo sabremos si descubrimos vida extraterrestre.

La Era Biológica puede haber comenzado antes en otros lugares del Universo, pero hasta ahora sólo podemos contar su historia tal y como se desarrolló aquí. La vida se apoderó de este planeta y perseveró a lo largo de los eones, a pesar de los tremendos trastornos y de muchas casi extinciones. En el juego de la vida, los desafíos actúan al mismo tiempo como destructores y creadores, dado que periódicamente reajustan las condiciones ambientales que a su vez redefinen las necesidades de supervivencia. A medida que se sucedían los cataclismos, algunos causados por influencias externas y otros por la propia vida, las criaturas mutaban y cambiaban, adaptándose lo mejor que podían. La supervivencia trata de eficiencia y optimización, dados los recursos disponibles. Para seguir con vida, toda criatura debe elaborar estrategias o, al menos, responder a los cambios del entorno, incluida la presencia de otras criaturas, amistosas u hostiles.

La vida evolucionó de forma impredecible, desde simples microbios unicelulares a plantas microbianas que utilizaban el Sol como fuente de energía al tiempo que oxigenaban la atmósfera terrestre. Con el tiempo, sin plan previo, la vida se hizo más compleja, se convirtió en multicelular y exploró todos los nichos posibles: agua, tierra y aire, plantas y animales, transformando literalmente su planeta natal en una entidad viva, una biosfera palpitante de creatividad. Los animales más complejos desarrollaron estrategias de supervivencia más complejas. Hace unos seis millones de años aparecieron en África los primeros primates bípedos erectos, los homínidos. Ahora tenemos pruebas de que, hace 3,3 millones de años, algunos homínidos, probablemente *Australopithecus*, fabricaban herramientas de piedra primitivas. El género *Homo*, al que pertenece el *Homo sapiens*, data de hace al menos 2,8 millones de años. Nuestros antepasados se hicieron cada vez más expertos en el uso de herramientas. El *Homo erectus*, en particular, era un depredador extremo capaz de manipular el fuego, un factor de cambio evolutivo. Eran cazadores-recolectores que cuidaban de sus enfermos y es posible que desarrollaran el arte e incluso la navegación. Muy posiblemente, se comunicaban a través de una forma de protolenguaje.[7]

Ser erecto significaba un periodo de gestación más corto, lo que a su vez se traducía en bebés que necesitaban más cuidados. Lo que la mayoría de los animales tenían que hacer durante horas, días o meses, el género *Homo* tenía que hacerlo durante años. El cuidado de los bebés, la recolección de alimentos y la búsqueda de refugio exigían la acción en grupo, y compartir los recursos se convirtió en algo esencial para la supervivencia. Este rasgo distintivo de nuestros antepasados más cercanos y de nuestra propia especie fue profundamente transformador. Los grupos se unían durante largos periodos de tiempo, probablemente durante toda la vida, desarrollando un sentido de identidad y pertenencia que encendía la creatividad y las normas sociales para el orden. Las normas debían recordarse y respetarse. Se crearon vínculos duraderos entre los miembros de la comunidad. Si definimos la cognición como la capacidad mental de adquirir conocimientos y comprender el pensamiento, la experiencia sensorial y la memoria, algún tiempo después de la aparición del género *Homo* la vida entró en la Era Cognitiva.[8]

Dada la escasez de información sobre las prácticas y hábitos de vida de los neandertales y de los primeros humanos, sería prematuro intentar datar cuándo se produjo esta transición. Se podría, por ejemplo, atribuir su inicio a la manipulación del fuego. Adoptando un enfoque más pragmático, se podría igualmente asociar la Era Cognitiva con la aparición del arte figurativo. Los dibujos de animales que se remontan a 37.000 años decoran las paredes de la cueva de Chauvet, en Francia. Nicholas Conard, de la Universidad de Tubinga (Alemania), donde Kepler estudió en la década de 1590, encontró figuritas de marfil tallado que datan de hace 40.000 años. Los nuevos métodos de desintegración radiactiva datan las pinturas rupestres de Borneo en cuarenta mil años. Así pues, las pruebas actuales indican que desde Indonesia hasta Alemania, y más o menos al mismo tiempo, los primeros humanos representaban su mundo a través del arte figurativo, probablemente para educar, entretener y conmemorar. Las huellas de manos en las paredes de las cuevas son un intento conmovedor de trascender el tiempo, de crear algo permanente o, al menos, duradero. «Estuvimos aquí, no nos olvidéis» parecen decirnos sus creadores, y les agradecemos su previsión. No los olvidaremos.

Los albores de la Era Cognitiva abrieron un sinfín de posibilidades. Una especie capaz de pensar simbólicamente, de inventar y contar historias, comprende el paso del tiempo y su propia mortalidad. Cuando nuestros antepasados empezaron a contar su historia, el Universo cambió para siempre. A medida que nuestros relatos crecían en complejidad y los mitos y las reflexiones filosóficas se unían a nuestras narraciones, el propio Universo empezó a contar su historia mediante nuestras voces. Nuestras historias se convirtieron en la historia cósmica. A través de nuestra existencia, el Universo engendró una mente.

Cada cultura, pasada y presente, tiene su versión del origen de todas las cosas, del mundo y de la vida. Los mitos de la creación cuentan cómo surgieron la tierra y los cielos y cómo surgieron los animales y las personas. Encarnan los valores que definen una cultura. La Biblia comienza con el libro del Génesis, que establece a Dios como creador de todas las cosas. Los antiguos mantras del periodo védico de la India se consideran los ritmos primordiales de la creación, anteriores a las formas materiales. El *Enuma Elish*, la «Epopeya de la Creación» de la antigua Babilonia, comienza con la frase: «Cuando [aún] no se había nombrado lo alto del cielo».[9] La mayoría de las veces, estas narraciones describen el origen de todo por mediación de la acción de una deidad, o de muchas deidades que trabajan juntas. Así es como las religiones dan sentido al problema de la Primera Causa. Sólo las entidades que están más allá del espacio y el tiempo, más allá de las limitaciones de las leyes de la Naturaleza y, por tanto, sobrenaturales, pueden crear lo que está dentro de la Naturaleza, sujeto a las reglas del crecimiento y la decadencia. Algunos relatos de la creación, como el de los maoríes de Nueva Zelanda, cuentan que el origen de todas las cosas procede de un impulso indescriptible por nacer, sin intervención divina. Otros, como los jainistas de la India, consideran el Universo eterno y, por tanto, más allá del ciclo kármico de la reencarnación que enseñan muchas tradiciones budistas.[10]

A pesar de sus diferencias, todas las historias de la creación expresan el mismo asombro humano universal ante el misterio de nuestra existencia en una realidad que trasciende la comprensión. Como escribió Einstein en una ocasión: «Lo que veo en la Naturaleza es una magnífica estructura que comprendemos sólo muy imperfectamente y que debe llenar a una persona pensante con una sensación de humildad».[11] La historia de lo que somos es también la historia de cómo el Universo llegó a ser lo que es. Nuestra fascinación por los orígenes nos ha convertido en los narradores cósmicos, los que encuentran sentido a descifrar los secretos del Universo.

Parte IV
El cosmos consciente

8. Biocentrismo

«El mundo natural es la gran comunidad sagrada a la que pertenecemos. Estar alienado de esta comunidad es ser indigente en todo lo que nos hace humanos. Dañar esta comunidad es oscurecer nuestra propia existencia».

THOMAS BERRY, *The Dream of the Earth*

Un universo sin vida es un Universo muerto. Un universo sin mente no tiene memoria. Un universo sin memoria no tiene historia. El amanecer de la humanidad marcó el amanecer de un Universo consciente, un Universo que tras 13.800 millones de años de tranquila expansión encontró una voz para contar su historia. Antes de que existiera la vida, el Universo estaba confinado a la física y la química, las estrellas forjaban elementos químicos en sus entrañas y los esparcían por el espacio. Nada de esto tenía un propósito, no existía un gran plan de creación. Con el paso del tiempo, la materia interactuó consigo misma y la gravedad esculpió las galaxias y sus estrellas. La aparición de la vida en la Tierra lo cambió todo. La materia viva no se limita a sufrir transformaciones pasivas. La vida es materia «animada», materia con propósito, el propósito de sobrevivir.[1] El ecoteólogo Thomas Berry escribió: «El término *animal* indicará para siempre un ser con *alma*» (cursiva en el original).[2] La vida es una mezcla de elementos que se manifiesta como propósito.

Este sentido de finalidad, este impulso autónomo de supervivencia, es lo que define la vida en su forma más general. Y en nuestro mundo, las montañas, los ríos, los océanos y el aire sustentan a todos los seres vivos. La vida en otros lugares puede ser muy diferente de la vida aquí. Pero si existe, debe compartir el mismo impulso de sobrevivir, de perpetuarse en profunda comunión con su entorno. La alternativa, por supuesto, es la extinción. Cuando la vida existe, lucha por seguir existiendo. La vida es materia con intencionalidad.

La vida sin niveles superiores de cognición no se reconoce a sí misma como vida. Sabe que necesita sobrevivir y hará lo que pueda para seguir viva desarrollando estrategias de supervivencia con distintos niveles de complejidad. Buscará comida, comerá cuando tenga hambre y dormirá cuando esté cansada; buscará o construirá un refugio; se protegerá a sí misma y a sus crías; luchará por mantenerse con vida mediante la fuerza o la estrategia, como se cree que hacen incluso las plantas. Las especies han evolucionado con trucos y armamentos extraordinarios para mantenerse con vida. Los distintos animales tienen una gama de emociones que puede ser bastante amplia, aunque es difícil comprender realmente lo que ocurre en su psique. Algunos pueden sentir alegría o tristeza; otros pueden ayudar a miembros de su especie e incluso de otras especies, desarrollando un verdadero sentido de compañerismo y cariño (por qué si no tenemos mascotas), pero, por profundas que sean sus emociones, los animales no reflexionan sobre el sentido de su existencia. No tienen la necesidad de contar sus historias y preguntarse por sus orígenes. Nosotros, sí.

¿Y qué hemos hecho con esta extraordinaria capacidad? Nos convertimos en expertos cazadores y guerreros, en artistas y narradores, adorábamos a los dioses y codiciábamos el amor y el poder.

Nos convertimos en una paradoja, mitad bestias, mitad dioses, capaces de las creaciones más hermosas y de los crímenes más atroces. Nos convertimos en los mayores amantes y los mayores asesinos, creyéndonos los amos de este planeta. Hemos dado la espalda a las enseñanzas de nuestros antepasados y de las culturas indígenas, que adoraban a la tierra como a su madre y a los animales como a sus iguales. Podemos domar mucho de lo que tememos, desde el fuego hasta los leones, y este poder nos da vértigo. Pero nuestros antepasados sabían, como nosotros, que no podemos domar a la Naturaleza. Podemos desviar el curso de los ríos y arrasar los bosques, podemos llevar a la extinción a especies enteras, pero no podemos controlar la aparición de nuevas enfermedades ni impedir que los cataclismos nos maten. Podemos matar lobos y tigres, pero no impedir que los volcanes entren en erupción. Somos grandes y pequeños, poderosos y limitados. Nuestro éxito nos ha adormecido con una falsa sensación de confianza, haciéndonos creer que estamos por encima de la Naturaleza. Pero nuestro planeta, tan vasto como es, es limitado, y está respondiendo a nuestra voracidad de formas que podrían destruirnos o, como mínimo, comprometer el futuro de nuestra especie y de muchas otras. Coevolucionamos con la Naturaleza y no podemos sustraernos a su dinámica. Creer que podemos es nuestro mayor error. Aun así, eso es lo que hemos intentado hacer, creando un abismo que nos separa del resto de la Naturaleza. Construimos enormes ciudades y fábricas, y monocultivos agrícolas mecanizados del tamaño de un país, empujando la naturaleza salvaje a los márgenes inalcanzables de la tierra. Consumimos las entrañas del planeta, el petróleo, el gas y el carbón, para alimentar nuestro crecimiento industrial. Perdimos el contacto con nuestros orígenes evolutivos, con nuestras raíces en lo salvaje, y hemos olvidado quiénes somos y de dónde venimos. Hemos profanado la tierra que nos sustenta, tratando el mundo como nuestra propiedad.

Esta vieja narrativa de lo humano ha llegado a su fin. Ha llegado el momento de nuevos seres humanos, unos seres humanos que entiendan que todas las formas de vida son codependientes, que tengan la humildad de situarse junto a todas las criaturas vivas, y no por encima de ellas. Hemos visto que esta nueva narrativa para la humanidad se basa en una confluencia de culturas, que fusione las tradiciones indígenas con nuestro creciente conocimiento científico de los trillones de mundos que nos rodean. Esta nueva visión de la humanidad combina razón y espiritualidad, lo material y lo sagrado, negándose a cosificar el mundo natural. El principio fundamental de esta visión biocéntrica es que un planeta que alberga vida es sagrado. Y lo que es sagrado debe ser venerado y protegido. Un planeta que alberga vida es profundamente diferente de los innumerables mundos estériles esparcidos por la inmensidad del espacio, por maravillosos que sean. Un planeta que alberga vida es un planeta vivo, y un planeta vivo es aquel en el que el cosmos y la vida se abrazan y crean una totalidad irreductible. Y de todos los planetas que pueden albergar vida en esta galaxia y en otras, el nuestro es un faro de esperanza por ser el hogar de una especie de narradores.

Cuanto más miramos a otros mundos en busca de signos de vida, más nos damos cuenta de lo rara que es la Tierra, de lo rara que es la vida, de lo raros que somos nosotros. Somos la voz cósmica, capaz de contar la historia cósmica y tenemos que superar nuestros impulsos destructivos y nuestra necesidad de gratificación inmediata para reorientar nuestro futuro. La historia que hemos estado contando hasta ahora, la narrativa copernicana de que nosotros no importamos en el gran esquema de las cosas, que la Tierra es sólo un planeta entre billones de otros, es sencillamente errónea. Importamos porque somos la única forma de vida que sabe lo que significa importar. Nosotros importamos porque ahora entendemos cómo estamos evolutivamente conectados con todas las demás formas de vida del planeta, ya que descendemos del mismo antepasado bacteriano. Importamos porque sabemos que la vida aquí depende de toda la historia cósmica, desde las propiedades de las partículas subatómicas hasta la expansión del Universo. Importamos porque somos la forma en que el Universo se plantea su propia existencia. Importamos porque el Universo existe a través de nuestras mentes.

Las reglas morales no son universales. Los que para un grupo son terroristas, para otro son luchadores por la libertad. Los valores estimados en una cultura son criminalizados en otra. Las diferentes religiones y filosofías políticas tienen códigos morales diferentes, y estas diferencias han provocado guerras y destrucción a lo largo de milenios. Pero la nueva comprensión de lo rara que es la vida en este sistema solar y probablemente en la mayoría de los demás debería elevar una regla moral por encima de todas las demás. Ya no debemos pensar en el Universo sólo como un sistema físico. Debemos pensar en el Universo como el hogar de la vida. La sacralidad de un planeta vivo es el principio central de nuestra narrativa postcopernicana. Protegemos lo que es raro y precioso. La vida en la Tierra es rara y preciosa, el planeta y la biosfera enredados en una única totalidad.

No hay vida sin Tierra, pero hay Tierra sin vida. Transformar la Tierra en uno de nuestros estériles vecinos del sistema solar sería el mayor crimen que la humanidad podría cometer contra sí misma, contra toda la vida, contra el cosmos. El biocentrismo es una visión de una humanidad moralmente consciente que celebra y protege todas las formas de vida como única manera de asegurar un futuro saludable para nuestro proyecto de civilización. Va más allá del excepcionalismo humano precopernicano (somos el centro de toda la creación) y del nihilismo copernicano (no somos nada en la inmensidad cósmica), dado que entreteje a la humanidad en la red de la vida, la totalidad irreductible que consagra el planeta. El biocentrismo presenta a la humanidad con un propósito colectivo, ya que, salvo que la Tierra experimente una colisión cataclísmica con un gran asteroide, sólo nosotros tenemos el poder de preservar o destruir la biosfera. La alternativa, la inacción y la negligencia, traerá un gran sufrimiento a todos los sectores de la población, especialmente, aunque no exclusivamente, a aquellos con menos recursos económicos, y a nuestros hijos y generaciones posteriores. La elección debería ser obvia.

Esta es nuestra historia colectiva, la historia de una especie que ha aprendido a convertir materias primas en herramientas de exploración y objetos de belleza, que ha desarrollado la capacidad de hablar y contar historias sobre la experiencia de estar vivos, historias de amor y pérdida, de guerra y hazañas heroicas, de triunfos y fracasos. Los retos a los que ahora nos enfrentamos, producto de nuestra incapacidad para construir una relación sostenible con el entorno natural que nos sustenta, los afrontamos juntos como una sola especie, como la tribu humana. Caímos en el agujero que cavamos, pero podemos salir de él si despertamos a nuestro papel cósmico. Si de verdad importamos, no debemos borrar nuestro propio legado. Debemos volver a conectar con este planeta y con toda la vida que contiene con la humildad y el respeto del devoto y no con la espada y la rabia del asesino. Este es el imperativo moral de nuestra época.

9. Un manifiesto para el futuro de la humanidad

«Si eres poeta, verás claramente que hay una nube flotando en esta hoja de papel. Sin nube no puede haber lluvia; sin lluvia, los árboles no pueden crecer; y sin árboles, no podemos hacer papel… Así que podemos decir que la nube y el papel *inter-son*… Todo el tiempo, el espacio, la tierra, la lluvia, los minerales del suelo, el sol, la nube, el río, el calor e incluso la consciencia... están en esta hoja de papel. Todo coexiste con ella. Ser es inter-ser. No puedes *ser* por ti mismo solo, tienes que inter-ser con todo lo demás... Por muy fina que sea esta hoja de papel, contiene todo lo que hay en el universo».

THICH NHAT HANH, *The Other Shore*

Diez mil años de civilización agraria han traído gran prosperidad y crecimiento a una parte de la humanidad –a aquellos que poseen tierras y medios de producción–, a la vez que también ha forjado el camino que lleva a nuestra propia muerte y a los innumerables seres vivos que habitan este planeta.

Esta imparable prosperidad y crecimiento se aceleró sobremanera tras el advenimiento de la ciencia moderna y sus vástagos tecnológicos, la maquinaria de la industrialización. El combustible para este crecimiento vino de las entrañas del planeta –petróleo, gas, carbón–, restos profundamente transformados de la vida que prosperó aquí hace millones de años. Y también, lamentable y vergonzosamente, de los cadáveres de ballenas que han sido diezmadas desde mediados del siglo XIX y siguen siéndolo hasta nuestros días.

Esta quema incontrolada de combustibles fósiles, combinada con el crecimiento demográfico y el aumento de la esperanza de vida, y la consiguiente necesidad cada vez mayor de recursos como energía y alimentos, han causado estragos devastadores en el medio ambiente. La avaricia material que alimenta la sed insaciable de la humanidad está asfixiando el medio ambiente. Hasta ahora, la fórmula ha sido sencilla: para seguir creciendo, debemos seguir invadiendo el entorno natural, creyendo que las plantas y los animales son formas de vida inferiores sin derecho a vivir ni a un espacio propio, un espacio sin la invasiva presencia humana. Desde los orígenes de la era agraria, nos hemos erigido en amos de la tierra, con derecho a hacer con ella lo que nos plazca.

Cuando los dioses abandonaron las montañas, los ríos y los bosques y subieron a los cielos, la Tierra perdió su encanto y se convirtió en una masa desprotegida de rocas, árboles y animales que podíamos utilizar a nuestro antojo, con la bendición de los dioses. Nos hicimos dueños del mundo natural, creyéndonos criaturas a medio camino entre los dioses y los animales. Esta fantasía es una inversión peligrosamente errónea de las jerarquías: la Tierra es lo primordial, no el ser humano. Como saben las culturas indígenas desde hace milenios, todo lo que hacemos depende de la Tierra y de sus recursos, y todo lo que necesitamos procede de ellos. Ya no cazamos ni recolectamos para nuestro sustento, pero la agricultura y la minería siguen dañando la Tierra, ya que la cortamos en trozos manejables, cavando hoyos y arrasando montañas con impunidad. Esa ha sido nuestra manera de actuar desde hace más de diez mil años: tratar el planeta y sus recursos como nuestra propiedad, nuestro derecho. Nuestra situación actual demuestra que esta actitud es moralmente injusta y económicamente insostenible.

Debemos reinventarnos, no abandonando lo que hemos logrado, sino reajustando nuestras proezas tecnológicas y necesidad de crecimiento con una nueva postura moral, que trate a la Tierra y su biosfera como una comunidad sagrada a la que pertenecemos, no como amos, sino como iguales a todos los demás seres. Todas las criaturas sin voz tienen derecho a vivir, igual que nosotros. En nuestra incoherencia moral, colmamos a nuestras mascotas con abundante amor y cariño, pero matamos a los animales por comida. Cuidamos nuestros jardines como pequeños templos, pero talamos los bosques con total negligencia. Este es el comportamiento de una cultura moralmente perdida y gobernada por la codicia y no por la compasión.

Sólo la vida conoce la vida, y la vida se alimenta de la vida. Todo ser vivo necesita comer; esta realidad no se puede cambiar. Pero *podemos* transformarla moralmente, respetando y honrando lo que matamos y reponiendo lo que cosechamos. Evolucionamos para comer lo que podíamos encontrar: carnes, frutas y raíces. Nuestros antepasados no tenían el lujo de elegir lo que comían. Pero ahora tenemos los conocimientos y medios de producción para disminuir en gran medida nuestro consumo de carne y seguir teniendo una dieta completa. Desperdiciamos recursos y alimentos. Hemos sustituido la eficacia del cazador por los excesos de nuestra maquinaria productiva. Hemos enfermado nuestro planeta, y un planeta enfermo no puede mantener vidas sanas.

A estas alturas, la humanidad sigue siendo una masa incoherente de tribus en desacuerdo, la mayoría de las cuales adoptan sistemas de valores basados en el pensamiento a corto plazo, desprovistos de una reflexión más profunda sobre las consecuencias a medio y largo plazo de nuestras elecciones. Marchamos, muchos de nosotros sin saberlo, hacia la autocombustión. Muchos de nosotros no somos conscientes de que nuestras acciones y elecciones individuales desempeñan un papel en nuestra desaparición colectiva. Muy oportunamente, acusamos a los gobiernos y a las empresas de ser los agentes del cambio, pero la historia nos dice que las grandes transformaciones vienen de los hacedores, de los que sienten la necesidad del cambio, de los que tienen el valor de luchar por un bien mayor. Pensemos, por ejemplo, en los grandes líderes religiosos, como Jesús, Mahoma o el Buda, y en los innumerables mártires que cayeron por sus ideales. Piensa en Martin Luther King, Mahatma Gandhi y Nelson Mandela y su lucha por la libertad y la igualdad racial. O, desde el nacimiento de la filosofía occidental, pensemos en Sócrates, Platón o los estoicos y su búsqueda de una vida con sentido. Y por último, piensa en el coraje intelectual de gente como Copérnico, Bruno, Galileo y Kepler, que defendieron sus ideas sobre el cosmos a pesar de la adversidad y el peligro.

Afortunadamente, el sacrificio en este caso no tiene por qué ser una revolución sangrienta, sino la disposición a introducir cambios en nuestra forma de vivir, comer y tratar a todos los seres humanos, a otras formas de vida y al planeta. En lo que respecta a las revoluciones, esta sería la más transformadora para la humanidad, la primera de este tipo en nuestra historia colectiva, en la que nos unimos no como tal o cual tribu que lucha contra otra, sino como una especie entera que lucha por su supervivencia y por la dignidad de todas las criaturas vivas. La bandera de este movimiento es la sacralidad de nuestro planeta. Luchamos contra nuestro pasado para crear un nuevo futuro.

El cambio empieza a sentirse, aunque todavía es disperso y localizado. Sopla un nuevo viento de despertar, mientras el cambio climático se arremolina en tormentas y sequías devastadoras, provocando enfermedades y hambrunas en todo el planeta, amplificando las injusticias sociales de poder y la disparidad económica. Cada día son más las personas que sienten empatía y rechazan la inevitabilidad del sufrimiento de otros seres humanos, animales y plantas.

Hay dos grandes obstáculos para el cambio, dos grandes muros que hay que derribar. El primero es nuestra narrativa actual, que sitúa a la humanidad por encima de todas las demás formas de vida, como dueña del planeta. Los orígenes de esta visión distorsionada se remontan a la monetización de la tierra, cuando alguien decidió que un trozo de tierra tenía un valor financiero ligado a su propiedad. Desde entonces, creemos que somos dueños de trozos del planeta que llamamos hogar. Pero aunque, como tantos otros animales, necesitemos cobijo para sobrevivir y prosperar, el primer hogar en el que deberíamos pensar es en nuestro planeta, el hogar que compartimos con todas las demás criaturas. La Tierra es nuestro hogar principal, el hogar que hace posible la vida. Si elimináramos nuestra atmósfera rica en oxígeno, si elimináramos nuestro campo magnético protector, si elimináramos la lenta deriva de los planetas tectónicos, si elimináramos nuestra gran Luna, si elimináramos nuestra capa de ozono protectora, la vida tal y como la conocemos no existiría. *Todo* lo que hacemos parte de la premisa de que la Tierra nos da la posibilidad de existir, incluida la propiedad de nuestros hogares. No se trata de abolir la propiedad de la tierra, sino de comprender que el terreno que poseemos no nos *pertenece*, sino que lo tomamos prestado temporalmente del planeta. La tierra en la que vivimos seguirá aquí mucho después de que nosotros y nuestros descendientes hayamos desaparecido. El concepto de propiedad de la tierra es una invención del sistema económico que hemos adoptado, una fantasía efímera basada en la arrogancia humana. Para recalibrar nuestros valores actuales, debemos reconocer estos hechos e invertir nuestras creencias situando la Tierra por encima de lo humano, estando agradecidos por nuestra existencia en este mundo pródigo.

La astronomía moderna, como hemos visto, puede ayudarnos a replantear esta narrativa, ya que ahora entendemos el lugar de la Tierra en el cosmos como el raro hogar de una especie consciente de su existencia, capaz de contar su propia historia y de vincularla a la historia del Universo. Nuestra narrativa biocéntrica postcopernicana sitúa la vida como el logro cósmico supremo y a la humanidad, como su voz y su memoria. Cuanto más aprendemos sobre el Universo, más comprendemos por qué importamos. Somos mensajeros de las estrellas y para las estrellas.

El segundo obstáculo es nuestra fijación en lo material a expensas de lo espiritual. Necesitamos despertar a una era de espiritualidad laica, que abarque diversas formas de creencia y no creencia. La espiritualidad laica es aconfesional y no está relacionada con nociones sobrenaturales de almas y espíritus inmortales. Los humanos somos seres espirituales. Anhelamos significado y trascendencia, momentos y experiencias que nos transporten a estados emocionales que sean encuentros con lo sagrado. Algunos conectan con lo sublime a través de la oración tradicional, otros exploran montañas y desiertos, otros tocan música y bailan, otros practican meditación, otros escriben poesía o pintan, otros practican artes marciales, otros utilizan viajes psicodélicos para expandir sus mentes y corazones, otros simplemente se sientan en la tranquilidad de sus habitaciones. Las opciones son subjetivas y culturales, pero el anhelo de asombro como vía de autocrecimiento y transformación es universal, una necesidad compartida de conectar con el misterio de lo que somos.

La Ilustración abrió innumerables puertas a lo que podemos hacer mediante el uso diligente de nuestras facultades racionales. Como resultado, hemos prosperado enormemente. El combustible para este crecimiento sin precedentes en la historia de la humanidad provino de la Tierra y sus recursos. ¿Cuántos de nosotros nos paramos a pensar en este hecho tan obvio? Como dejó claro la brillante filósofa y teóloga Simone Weil, la mecanización de la economía se aseguró de borrar el alma humana.[1] Nadie talando miles de acres de bosques prístinos, agujereando la tierra para la minería, o matando cientos de animales al día para la alimentación, podría estar espiritualmente conectado a la Tierra o a la vida. Y mucho menos quienes ordenan tales acciones o invierten en las empresas que las llevan a cabo, aunque a veces sea sin saberlo. En esta coyuntura de la historia humana, debemos asumir la responsabilidad de cómo nuestras inversiones empresariales reflejan nuestros valores, o la falta de ellos. Semejante devastación sólo puede ser perpetrada por quienes consideran el planeta y la vida en él como cosas inútiles, sin valor ni derechos. La ruptura de nuestro vínculo espiritual con el planeta hizo posible nuestro crecimiento desenfrenado. La naturaleza pasó de ser un reino sagrado a basura desechable. Esta situación es ahora insostenible, ya que este crecimiento está ahogando nuestro futuro.

Teniendo en cuenta estos argumentos, ¿qué medidas podemos implementar para cambiar el rumbo actual de la civilización?

1. El valor central del *biocentrismo* es que un planeta que alberga vida es sagrado, merecedor de respeto y veneración. Somos parte del colectivo de la vida, codependientes y coevolucionando con el conjunto de la biosfera.

2. La base conceptual de este cambio de mentalidad procede de la comprensión científica de que la *vida es un acontecimiento raro en el Universo y que la Tierra es un planeta raro*. Puede haber vida en otros lugares, incluso vida inteligente, sin embargo, a efectos prácticos dadas las vastas distancias interestelares y la falta de pruebas que apoyen la existencia de vida extraterrestre, estamos solos y debemos asumir la tarea de rescatar nuestro proyecto de civilización de su actual camino desastroso.

3. Esta es una revolución orientada hacia el *despertar espiritual de la humanidad*, una espiritualidad centrada en la reconexión de cada uno de nosotros con la tierra y con todas las formas de vida.

4. No hay nada ingenuo ni inocente en *un movimiento que combina ciencia y espiritualidad laica*. Lo que es ingenuo e inocente es seguir creyendo que las cosas pueden seguir como están y todo irá bien, o que no hay nada que podamos hacer, o que la ciencia por sí sola nos salvará. La ciencia es, sin duda, una herramienta esencial para nuestro futuro colectivo, pero sin una conexión apasionada con la Tierra y la vida como motor del cambio, sin un sentimiento de pertenencia al mundo, sin la firme creencia de que podemos cambiar colectivamente como especie, la ciencia seguirá utilizándose sobre todo para ampliar nuestro control sobre el entorno natural sin ninguna preocupación moral, como

ha venido ocurriendo desde la Revolución Industrial y antes. Con el fin de que la ciencia sea una fuerza para nuestro bien colectivo debe alinearse con valores biocéntricos que reflejen nuestra reconexión espiritual con la Tierra y la biosfera. Esto está empezando a suceder, pero no lo suficientemente rápido.

5. *Cada individuo tiene un papel que desempeñar*. Este papel implica sacrificios totalmente distintos a los de una revolución sangrienta. En lugar de pagar con nuestras vidas, celebramos y preservamos la vida y alineamos nuestros valores y acciones según tres principios: el enfoque MENOS sostenibilidad, el enfoque MÁS con el mundo natural, y el enfoque CONSIDERADO del consumismo.

    - *El enfoque MENOS de la sostenibilidad:* las personas deben examinar críticamente lo que comen, cómo usan la energía y el agua, cuánta basura producen y cómo se deshacen de ella. El enfoque debe centrarse en MENOS: menos carne, menos energía, menos agua, menos basura.
    - *El enfoque MÁS para el compromiso con el mundo natural:* siempre que sea posible, las personas deben comprometerse más con la Naturaleza. Si no se dispone de bosques y parques naturales, océanos, montañas y senderos, se pueden dar paseos por la orilla del agua, explorar las plazas y parques de las ciudades y plantar huertos en casa. Las escuelas y las familias pueden llevar a los niños de excursión a los bosques y organizar visitas a ejemplos positivos de prácticas agrícolas e industriales respetuosas con el medio ambiente. Tales iniciativas contribuirán en gran medida a cambiar la

mentalidad general de que la Naturaleza es prescindible. El enfoque debería centrarse en MÁS: más conciencia de la vida que nos rodea, grande y pequeña; más gratitud por el planeta que nos permite estar vivos y florecer; más amabilidad hacia todas las formas de vida.

- *El enfoque* CONSIDERADO *del consumismo:* los consumidores tienen el poder de influir en las empresas y sus políticas. La lógica es sencilla: si los consumidores no compran, las empresas no venden y se ven obligadas a cambiar sus prácticas. Unidos, los consumidores tienen un gran poder para hacer cambios. Los particulares deben ser conscientes de las empresas a las que compran sus productos. ¿Se alinean estas empresas con los valores biocéntricos? ¿Se esfuerzan por minimizar su huella de carbono? ¿Promueven buenas prácticas con altos valores éticos medioambientales? ¿Promueven la inclusión y la igualdad de género en sus prácticas de contratación? ¿Tienen una práctica filantrópica, retribuyendo a la sociedad y al planeta por lo que reciben? ¿Tienen en cuenta su cadena de producción y respetan a sus trabajadores? ¿Crean una asociación con sus clientes, o los ven como objetivos de sus «campañas» de *marketing*? A medida que más gente compre productos de empresas que adoptan una ética medioambiental sostenible y con visión de futuro, los precios de esos productos bajarán y serán asequibles para más consumidores. **Consumidores del mundo, ¡uníos para que gane la Naturaleza!**

6. Independientemente de la afiliación política o religiosa, *todas las escuelas deberían añadir la historia del cosmos y de la vida en la Tierra a sus planes de estudio en todos los niveles*,

profundizando en los detalles de la enseñanza para los alumnos mayores. Esta narrativa cósmica basada en la ciencia y las humanidades nunca debería formar parte de una retórica liberal frente a otra conservadora. Un cambio de mentalidad comienza con un cambio en la orientación moral. Para que la humanidad cambie su relación con el planeta y con la vida, este cambio debe ser alimentado en todas las aulas y comedores, promovido por los profesores y las familias. La remodelación de nuestro futuro colectivo empieza por aprender la historia pasada de la vida, su unidad y nuestro profundo vínculo con la historia del Universo.

La espiritualidad natural es una práctica, una búsqueda que requiere el compromiso del cuerpo y la mente con la tierra, una experiencia táctil y visceral de todos nosotros con la totalidad del planeta. Cuando cada uno de nosotros interioriza este vínculo y experimenta el inter-ser que abarca todo lo que es, nuestra perspectiva cambia. Comenzamos a arrepentirnos de nuestro pasado y a prepararnos para los cambios que están por venir. Tenemos la oportunidad y el privilegio de tratar a nuestra Tierra con gratitud y asombro. Cuando dirigimos nuestra atención a las maravillas de nuestro mundo, sentimos el abrazo acogedor de la vida colectiva.

Epílogo. La resacralización de la naturaleza

Hay una tristeza en el hormigón que hunde el alma. La monotonía de los muros grises que se elevan sobre nuestras cabezas, la suciedad de las aceras salpicadas de chicles y escupitajos, símbolos de una presencia humana que no se preocupa por el suelo que pisa ni por el cielo que lo cubre. Los olores y vapores rancios que emanan del subsuelo, un hedor a acero caliente y sudor. El tráfico silencioso de rostros que cruzan las calles, atareados y cabizbajos. Hay una sonrisa ocasional, el saludo de un desconocido, como para recordarnos que debajo de todo esto sigue habiendo un ser humano lleno de sueños y aspiraciones. Y también hay una belleza austera en la ciudad, a veces, cuando el arquitecto se empeña en crear un objeto digno de contemplar. Esa podría ser la sensación de alguien que camine por una avenida de Nueva York, protegido del cielo y del sol por rascacielos iluminados. O admirar el horizonte de Chicago desde la orilla del lago, o de París en primavera. Pero es en los parques donde se reúne la gente, es el río el que corta y nutre la ciudad, es la luz que se refleja en fuentes y estanques la que añade vitalidad a las vistas. No abandonaremos las ciudades, por supuesto, pero podemos esforzarnos por reequilibrar nuestras vidas, abrazando el entorno natural de formas creativas, abriendo las ciudades al verde y al azul que hemos apartado.

Nuestras mentes tienden a crear una fantasía de lo exacto cuando construimos ciudades, una comodidad de lo preciso, de líneas rectas y ángulos agudos, de curvas y conos perfectos, que nunca encontramos en la naturaleza. Allí, lejos de la geometría fabricada de la ciudad, las líneas son irregulares e inciertas, las rocas y las hojas son asimétricas, se alejan de la perfección a veces lo justo para realzar la belleza de lo inesperado. La suavidad de las formas naturales nos invita al paisaje, al abrazo acogedor de un bosque o una montaña. Evolucionamos en la naturaleza salvaje, pero desde entonces la hemos convertido en una extraña, a menudo aterradora y distante. Nos hemos alejado tanto de nuestros orígenes que percibimos el paisaje virgen como algo amenazador y extraño. Los seres humanos construyeron ciudades para expulsar a la Naturaleza, y ahora nos sentimos como en casa entre muros de hormigón, rectos y predecibles. Nada en un apartamento o una casa se mueve por sí mismo. Cerramos las persianas de nuestras ventanas para bloquear la luz del sol, prefiriendo en su lugar iluminar nuestros interiores con luces artificiales que imitan al Sol. Cuanto más nos encerramos en nosotros mismos, más nos alejamos del entorno natural y más objetivado se vuelve este.

Sin embargo, toda forma de vida lleva dentro las montañas, los ríos, los océanos y el aire, una expresión en movimiento y que respira del mundo manifestado como ser. Esta es la comunidad de lo vivo con lo no vivo, el ser y la materia como uno, el vínculo sagrado de la existencia. Cortar este vínculo es decretar nuestro propio olvido. No podemos sobrevivir creyendo que estamos por encima de la Naturaleza.

Un mundo creado por un dios es sagrado. Un mundo descrito exclusivamente por la ciencia, un mundo de azar y causalidad, no lo es. Herir un mundo creado por dios es un sacrilegio. Herir un mundo de azar y causalidad forma parte de la supervivencia. Cuando la ciencia expulsó a los dioses del mundo, lo abrió al saqueo humano. Lo vemos claramente cuando comparamos los valores de las culturas indígenas –su respeto por la tierra y por todo y todos con los que la comparten, vivos y no vivos– con los de la sociedad industrial laica, sin apego espiritual al mundo. No queremos que los dioses vuelvan a la Tierra, pero necesitamos restablecer la conexión espiritual entre los seres humanos y la Naturaleza. Aquí es donde la sabiduría indígena se conecta con el conocimiento científico moderno para iluminar el camino a seguir. Necesitamos resacralizar el mundo para que crezcamos y lo respetemos con renovada pasión. «Sagrado» no significa un reino acechado por presencias divinas sobrenaturales. Significa un reino que nos permite comprometernos con el misterio de la existencia, asombrarnos al conectar con lo sublime, venerar el mundo como un templo, inclinarnos humildemente ante poderes naturales que escapan sobremanera a nuestro control.

La plena realización de nuestra humanidad florecerá cuando, juntos como especie, abracemos el colectivo de la vida como uno solo.

Este es el imperativo moral de nuestra era. Esta es nuestra misión sagrada.

Agradecimientos

A menudo no nos damos cuenta de que las personas más inspiradoras y transformadoras de nuestras vidas son las más cercanas a nosotros. A lo largo de los años, mientras recopilaba las ideas que se convertirían en este libro, volvía una y otra vez a mi infancia, a algunos de mis primeros recuerdos fragmentarios de mis padres y hermanos, cuando compartíamos momentos de felicidad en los huertos que mi padre cuidaba con tanto amor y ternura. Hurgaba en la tierra con dedos mágicos, haciendo brotar la vida de diminutas semillas, invisibles hilos de nada que estallaban en miles de flores y frutos en espectacular profusión tropical. «Una semilla contiene el árbol en que se convierte y los frutos que nos da», decía. Una corte de insectos y pájaros rendía homenaje diario a esta generosidad, mientras yo, desconcertado, intentaba aprender los secretos de lo que supone la vida, una conexión más allá de las palabras, un puente entre corazones, un compartir visiones. Incluso en los momentos más tristes, posiblemente para contrarrestarlos, mi padre salía a sus huertos para insuflar vida al mundo. Yo no sería yo sin ti.

Mis hermanos y sus familias han sido un antídoto constante contra las dificultades que nos sobrevienen en algunos momentos de nuestras vidas, y no podría estar más agradecido por vuestro amor, por vuestras risas, por vuestras bromas y por los interminables debates sobre todo y nada, todos argumentados con apasionada convicción.

Mis hijos siguen inspirándome a medida que crecen, son, cada uno de ellos, un ser humano maravilloso, creativo, bondadoso y de buen corazón, con un profundo sentido de la justicia moral y pasión por el conocimiento. Me siento verdaderamente afortunado por tenerlos en mi vida.

Mi esposa, Kari, ilumina cada día de mi vida con su ser vibrante, noble y profundamente generoso; una compañera que sólo se puede tener en sueños. Siento como si hubiera engañado a los dioses al tenerte a mi lado.

Mis queridos amigos, Mauro, Everard, Adam, me ayudáis a dar sentido al mundo, cuando nada parece tenerlo, de maneras que ni siquiera conocéis. Sólo lamento que no encontremos más tiempo en nuestras vidas para pasarlo juntos.

Mi agente y amigo, Michael Carlisle, por creer en este proyecto desde el principio, y por empujar duro para que se convirtiera en una realidad.

Mi más sincero agradecimiento a Bill Egginton, por leer el manuscrito y por sus inspiradores comentarios y sabiduría; a Jeremy DeSilva, por sus conocimientos sobre nuestra lejana ascendencia; y a Mary Evelyn Tucker, por introducirme en el maravilloso mundo de Thomas Berry.

Mi editora, Gabriella Page-Fort: es difícil creer que llegaras tarde a este proyecto. Está claro que estabas destinada a formar parte de él desde el principio. Conexiones misteriosas e incognoscibles hicieron que nuestros caminos se unieran, y no podría estar más agradecido por ellas y por la sabiduría que aportaste a este proyecto. Y a mi correctora, Jessie Dolch, por su sabia ayuda y sus sugerencias.

Notas

Prólogo

1. Esta es una lista muy incompleta: Rachel Carlson, *Primavera silenciosa*, ed. 40 aniversario (Nueva York: Houghton Mifflin, 2002); Elizabeth Kolbert, *The Sixth Extinction: An Unnatural History* (Nueva York: Picador, 2015); Toby Ord, *The Precipice: Existential Risk and the Future of Humanity* (Nueva York: Hachette, 2020); James Lovelock, *The Revenge of Gaia: Earth's Climate Crisis and the Fate of Humanity* (Nueva York: Basic Books 2007); Bill McKibben, *Falter: Has the Human Game Begun to Play Itself Out?* (Nueva York: Henry Holt, 2019); Bill McKibben, *The End of Nature* (Nueva York: Random House, 1989); Benjamin von Brackel, *Nowhere Left to Go: How Climate Change Is Driving Species to the Ends of the Earth* (Nueva York: The Experiment, 2022).

1. ¡Copérnico ha muerto! ¡Viva el copernicanismo!

1. Todas las citas de Copérnico proceden de *On the Revolutions of the Heavenly Spheres*, prefacio de Andreas Osiander (Londres: Macmillan, 1978).

2. Soñar el cosmos

1. G.S. Kirk y J.E. Raven, *The Presocratic Philosophers: A Critical History with Selected Texts*, 1.ª ed. (Cambridge: Cambridge Univ. Press, 1957); K&R a partir de ahora en el texto, seguido del número de página. Existe una segunda edición de esta obra, que incluye a M. Schofield como autor, pero cuento con la edición original desde la infancia. Lo he llevado conmigo allí donde me ha conducido la vida.
2. Para un trabajo técnico, véase Stephon Alexander, Sam Cormack

y Marcelo Gleiser, «A Cyclic Universe Approach to Fine Tuning», *Physics Letters B 757* (2016): 247-250.

3. Mary-Jane Rubenstein, *Worlds Without End: The Many Lives of the Multiverse* (Nueva York: Columbia Univ. Press, 2014), 42.
4. Epicuro citado en Rubenstein, *Worlds Without End*, 251.
5. Lucrecio, *The Nature of Things*, Penguin Classics, trad. A.E. Stallings (Londres: Penguin Books, 2007), 5:218-222.
6. Stephen Greenblatt, *The Swerve: How the World Became Modern* (Nueva York: W.W. Norton, 2012).
7. Lucrecio, *Nature of Things*, 5:238-240, 243-245.
8. Rubenstein, *Worlds Without End*, 54.
9. John Muir, *My First Summer in the Sierra* (Nueva York : Penguin Books, 1987), 157.
10. Isaac Newton, *The Principia: Mathematical Principles of Natural Philosophy*, trad. I. Bernard Cohen y Anne Whitman (Berkeley: Univ. of California Press, 1999), 943, 940.
11. Marcelo Gleiser, *A Tear at the Edge of Creation: A Radical New Vision for Life in an Imperfect Universe* (Nueva York: Free Press, 2010).
12. Marcelo Gleiser, *The Island of Knowledge: The Limits of Science and the Search for Meaning* (Nueva York: Basic Books, 2014).
13. Nota para los expertos: la justamente celebrada unificación de las fuerzas débil y electromagnética conocida como teoría electrodébil no es una verdadera unificación. Una verdadera unificación de dos fuerzas debe tener una única constante de acoplamiento relacionada con un único grupo de simetría de calibre o medida. La teoría electrodébil mantiene dos constantes de acoplamiento y dos grupos de simetría. La unificación aquí se refiere al hecho de que los bosones de medida de la fuerza débil, que son masivos a bajas energías, se comportan efectivamente como si no tuvieran masa a energías más altas, al igual que el fotón del electromagnetismo (a todas las energías). Así, a energías más altas, la teoría tiene cuatro bosones de medida –o gauge– efectivos sin masa. Esto es conceptualmente diferente de una gran teoría unificada, en la que tres fuerzas (electromagnetismo, fuerzas nucleares débil

y fuerte) estarían quizás unificadas bajo un único grupo gauge. Por desgracia, desde que se propuso en 1974, no se ha observado ninguna señal de dicha gran unificación.

14. Adam Frank, Marcelo Gleiser y Evan Thompson, *The Blind Spot: Why Science Cannot Ignore Human Experience* (Cambridge, MA: MIT Press; de próxima aparición).
15. Se desconoce la fecha real de publicación de *Micromégas*, pero se estima que fue en 1752, según la edición de Kehl. Una edición reciente es Voltaire, *Micromégas and Other Short Fictions* (Penguin Books, Londres, 2002). El cuento está disponible en línea en el Proyecto Gutenberg, https://www .gutenberg.org/files/30123/30123-h/30123-h.htm.
16. Marcelo Gleiser, «Pseudostable Bubbles», *Physical Review D* 49 (1994): 2978. Este es el artículo en el que propuse por primera vez el nombre de oscilones.
17. La inducción científica es poderosa pero falible. Un ejemplo famoso es el del cisne. Hasta el siglo XVII, cualquier europeo habría estado de acuerdo en que todos los cisnes son blancos, ya que todos los cisnes observados hasta entonces eran blancos, así que, por inducción, la gente generalizó esto a todos los cisnes. Esta era la «verdad» hasta que el explorador holandés Willem de Vlamingh encontró cisnes negros en Australia en 1697.
18. Werner Heisenberg, *Physics and Philosophy: The Revolution in Modern Science* (Nueva York: Penguin, 2000), 25.
19. Jorge Luis Borges, «On Exactitude in Science», en *Collected Fictions*, trad. Andrew Hurley (Nueva York: Penguin, 1999), 325.
20. Anthony Aguirre y Matthew C. Johnson, «A Status Report on the Observability of Cosmic Bubble Collisions», *Reports of Progress in Physics* 74 (2011): 074901, https://arxiv.org/abs/0908.4105; Matthew Kleban, «Cosmic Bubble Collisions», *Classical and Quantum Gravity* 28 (2011): 204008, https://arxiv.org/abs/1107.2593.
21. «Siendo estos asuntos muy extraordinarios requerirán una muy extraordinaria prueba», Benjamin Bayly, *An Essay on Inspiration: In*

two Parts (1708; reimpresión Whitefish, MT: Kessinger, 2010). Los sermones de Bayly se referían a la veracidad de los milagros como una forma de que Dios revelara su presencia a los hombres racionales de forma irrefutablemente verdadera. Para ello, los milagros tenían que estar más allá de lo posible o accidental.

22. Para los expertos, un modelo actual en el que la materia y la energía se expanden y se contraen mientras que el espacio se expande en su mayor parte con una contracción muy pequeña evoca un campo escalar similar a la quintaesencia con un comportamiento cambiante y un potencial exponencial negativo y una «modificación apropiada de la gravedad de Einstein a altas densidades de energía cerca del rebote o de la tensión-energía que viola la condición de energía nula o ambas». Véase Anna Ijjas y Paul J. Steinhardt, «A New Kind of Cyclic Universe», *Physics Letters B* 795 (2019): 666-672, https://arxiv.org/pdf/1904.08022.pdf.
23. Esta cuestión se plantea en un reciente artículo mío presentado en colaboración con Sara Vannah e Ian Stiehl, «An Informational Approach to Exoplanet Characterization», *International Journal of Astrobiology*, copia anticipada, enviada el 27 de junio de 2022, https://arxiv.org/abs/2206.13344.

3. La desacralización de la naturaleza

1. Ailton Krenak, *Ideas to Postpone the End of the World* (Ontario: House of Anansi Press, 2020), 3.
2. Por supuesto, muchas culturas indígenas también se asientan en sociedades agrarias y comercian bienes entre sí. Sin embargo, su relación con la tierra es de sostenibilidad y respeto, y no de explotación y abandono.
3. Según recientes estudios, aunque un tanto controvertidos, véase, por ejemplo, David Graeber y David Wengrow, *The Dawn of Everything: A New History for Humanity* (Nueva York: Macmillan, 2021), los cazadores-recolectores experimentaron con varios tipos de orden social y control jerárquico, algunos de los cuales se incorporaron

posteriormente a sociedades agrarias más amplias. Para nosotros, lo que importa es el cambio de una postura espiritual a una postura de explotación en la forma en que los humanos se relacionaban con la tierra.

4. Thomas Berry, *Evening Thoughts: Reflecting on Earth as a Sacred Community*, comp. Mary Evelyn Tucker (San Francisco: Sierra Club, 2006).
5. ¿Por qué si no se revelaría Dios a Moisés en forma de zarza ardiente, una clara declaración de lo imposible en el reino terrenal?
6. De hecho, Copérnico dedicó su libro *Sobre las revoluciones* al papa Pablo III. Sus críticos más acérrimos fueron luteranos, como Andreas Osiander (véase el capítulo 1) y el propio Martín Lutero, que una vez se refirió a Copérnico como «un nuevo astrólogo que quiere demostrar que la Tierra se mueve y da vueltas en lugar del cielo... El muy necio quiere poner patas arriba todo el arte de la astronomía». Citado en Noel Swerdlow y Otto Neugebauer, *Mathematical Astronomy in Copernicus «De Revolutionibus»,* 2 vols. (Nueva York: Springer, 1984), vol. 1, 3.
7. Los detalles dependerían de la posición inicial (y dirección) de los objetos y velocidades iniciales. Por ejemplo, un cañón que dispara un proyectil podría estar apuntando a diferentes alturas y el proyectil podría ser propulsado a diferentes velocidades, dando lugar a trayectorias (parabólicas) diferentes. Pero la fuerza universal de Newton entre dos masas M_1 (el proyectil) y M_2 (la Tierra). O, en el caso de un planeta, entre el planeta y su estrella anfitriona.
8. *Isaac Newton, The Principia: Mathematical Principles of Natural Philosophy*, trad. I. Bernard Cohen y Anne Whitman (Berkeley: Univ. of California Press, 1999), 943.
9. Isaac Newton, «Four Letters to Richard Bentley», carta del 25 de febrero de 1962, en I. Bernard Cohen y Richard S. Westfall, comps., *Newton* (Nueva York: W.W. Norton, 1995), 336-337.
10. Newton, *The Principia*, 942.
11. Isaac Newton, «Four Letters to Richard Bentley», carta del 10 de diciembre de 1692, en Cohen y Westfall, *Newton*, 332.

12. John Maynard Keynes, de su intervención en el Royal Society Club (1942), citado en Alan L. MacKay, *A Dictionary of Scientific Quotations* (Londres: Institute of Physics Publishing, 1991), 140.

4. La búsqueda de otros mundos

1. William Wordsworth, «Lines Composed a Few Miles Above Tintern Abbey, on Revisiting the Banks of the Wye During a Tour. July 13, 1798».
2. Robert Macfarlane, *Mountains of the Mind: Adventures in Reaching the Summit* (Nueva York: Vintage, 2004), 157.
3. Isaac Newton, *The Principia: Mathematical Principles of Natural Philosophy*, trads. I. Bernard Cohen y Anne Whitman (Berkeley: Univ. of California Press, 1999), 938.
4. Wordsworth vivió en Somerset hasta 1798, cuando se trasladó (con Coleridge) al Lake District.
5. Los primeros avistamientos de Urano datan de, al menos, 128 a.C., cuando el astrónomo griego Hiparco lo registró como estrella en su catálogo estelar.
6. J.L.E. Dreyer, *The Scientific Papers of Sir William Herschel* (Londres: Royal Society and Royal Astronomical Society, 1912), 1:100.
7. Citado en Edward S. Holden (Nueva York: Charles Scribner's Sons, 1880): 85.
8. Los telescopios reflectores captan la luz con uno o varios espejos curvos, que luego se enfoca y se dirige a un ocular o a otro instrumento. Isaac Newton los inventó para mejorar las distorsiones (aberraciones cromáticas) causadas por los telescopios refractores como el de Galileo, que estaba formado por dos lentes.
9. Ofrezco una exploración en profundidad de este punto en mi libro *The Island of Knowledge: The Limits of Science and the Search for Meaning* (Nueva York: Basic Books, 2014).
10. William Herschel, «On the Power of Penetrating into Space by Telescopes; with a comparative determination of the extent of that power in natural vision, and in telescopes of various sizes and constructions;

illustrated by select observations», *Philosophical Transactions of the Royal Society* 90 (dic. 1800): 49-85.

11. George Basalla, *Civilized Life in the Universe: Scientists on Intelligent Extraterrestrials* (Nueva York: Oxford Univ. Press, 2006).
12. Para llegar a la Luna, el viajero de Kepler utilizó la magia, que temía que pudiera implicar aún más a su madre, que había sido acusada de brujería y que estuvo a punto de ser quemada en la hoguera. Escapó por poco de este horrendo destino, sólo gracias a la inteligente defensa legal de su hijo.
13. Christiaan Huygens, *Cosmotheoros: The Celestial Worlds Discovered, or, Conjectures Concerning the Inhabitants, Plants and Productions of the Worlds in the Planets* (Londres: Timothy Childe, 1698), disponible en https://webspace.science.uu.nl/~gent0113/huygens/huygens_ctes.htm
14. Bernard le Bovier de Fontenelle, *Conversations on the Plurality of Worlds*, trad. H.A. Hargreaves (Los Ángeles: Univ. de California Press, 1990), 45.
15. Fontenelle, *Conversations*, 72.
16. Fontenelle, *Conversations*, 11.
17. Del francés, «Le planète, dont vous avez signalé la position, réellement existe». Davor Krajnović, «La Contrivance of Neptune». disponible en https://arxiv.org/ftp/arxiv/papers/1610/1610.06424.pdf. Este artículo también explora la enorme controversia en torno al descubrimiento de Neptuno, reivindicado también por la comunidad astronómica británica de la época. El consenso actual lo atribuye a Le Verrier y Galle.
18. El libro de próxima aparición *The Blind Spot: Why Science Cannot Ignore Human Experience* (Cambridge, MA: MIT Press), escrito con mis colegas Adam Frank y Evan Thompson, examina con gran detalle la importancia de la experiencia en la empresa científica.
19. Eugene Wigner, «The Unreasonable Effectiveness of Mathematics in the Natural Sciences», *Communications in Pure and Applied Mathematics* 13, n.º 1 (febrero de 1960): 1-14.

20. Muy lentamente. Se mueve a razón de 5.557 segundos de arco *por siglo* (equivalente a 1,54 grados), de los cuales 43 segundos de arco se deben a los efectos del Sol (como se explica en la teoría general de la relatividad de Einstein), y 5.514 se deben al tirón gravitatorio de otros planetas. La física newtoniana sólo podría explicar los 5.514 segundos de arco del tirón gravitacional normal. Los 43 segundos de arco adicionales eran lo que Le Verrier quería atribuir al planeta Vulcano y lo que Einstein explicó con su nueva teoría de la gravedad. Recordemos que 1 segundo de arco es igual a 1/3600 de un grado, un ángulo minúsculo.
21. Thomas Levenson, *The Hunt for Vulcan:... And How Albert Einstein Destroyed a Planet, Discovered Relativity, and Deciphered the Universe* (Nueva York: Random House, 2016).
22. Dado que la luz de las estrellas lejanas era visible desde la Tierra, el éter tenía que ser perfectamente transparente. No podía ofrecer ningún tipo de fricción o interferiría con las órbitas planetarias. Tenía que ser bastante rígido para sostener la propagación de ondas de luz a 186.000 millas por segundo. Un medio verdaderamente mágico que, por desgracia, no existe.
23. H.G. Wells, *The War of the Worlds* (Nueva York: Tor, 1988), 187.
24. Al final de su misión, el Perseverance habrá recogido cuarenta y tres muestras de rocas y suelo marcianos que serán enviadas a la Tierra. Con múltiples lanzamientos, múltiples naves espaciales y docenas de agencias gubernamentales, el programa Mars Sample Return es tan ambicioso como espectacular: con planes para devolver las muestras a la Tierra a mediados de la década de 2030 para su análisis.
25. El libro *Chasing New Horizons: Inside the Epic First Mission to Pluto* (Nueva York: Picador, 2018), del jefe de la misión Alan Stern y el astrobiólogo David Grinspoon, es de lectura obligada.
26. La palabra «mundo» tiende a utilizarse con bastante libertad en astronomía y en la cultura popular. Utilizo la palabra «mundos» para incluir todos los objetos celestes lo suficientemente grandes como para tener una atracción gravitatoria que retiene a pequeñas criaturas

en la superficie. En la práctica, esto significa que los mundos son objetos con una velocidad de escape de la gravedad lo suficientemente grande, es decir, la velocidad que se necesitaría para escapar de su gravedad y volar al espacio. Para los expertos, la velocidad de escape en kilómetros por hora es Ve = 4,2 × 10-5 (M/R)1/2 km/h, donde M es la masa en unidades de kilogramos y R es el radio medio en unidades de metros. Como ejemplo, el planeta enano Ceres tiene una masa 1,3% de la masa de la Luna y un radio de 469,73 kilómetros, lo que da una velocidad de escape de 1.890 kilómetros por hora, aproximadamente 1,5 veces la velocidad del sonido.

27. En realidad, no tiene forma de cinturón, ya que el espacio tiene tres dimensiones y no dos. La zona habitable es más como una cáscara gruesa, incluso si nos referimos a ella en forma de cinturón.
28. Para comparar, Titán es más grande que Mercurio y nuestra Luna.
29. La luna Tethys se tiñe ligeramente de azul debido a la entrada de materiales anulares, mientras que las lunas troyanas Telesto, Calipso, Helene y Polydeuces tienen superficies alisadas debido a los materiales que se acumulan al circular a lo largo del anillo plano en sus órbitas.
30. He aquí una lista injustamente sesgada de mis favoritos: Adam Frank, *Light of the Stars: Aliens Worlds and the Fate of Earth* (Nueva York: W. W. Norton, 2019); David Grinspoon, *Lonely Planets: The Natural Philosophy of Alien Life* (Nueva York: Ecco, 2004); Paul Davies, *The Eerie Silence: Renewing Our Search for Alien Intelligence* (Nueva York: Houghton Mifflin Harcourt, 2010); John Gribbin, *Alone in the Universe: Why Our Planet Is Unique* (Nueva York: Wiley, 2011) y Caleb Scharf, *The Copernicus Complex: Our Cosmic Significance in a Universe of Planets and Probabilities* (Nueva York: Farrar, Straus and Giroux, 2014).
31. Los objetos con masas menores que esa son subestelares, es decir, no lo suficientemente masivos para la fusión nuclear. Con masas entre trece y ochenta veces la de Júpiter, se denominan enanos marrones. Son demasiado ligeros para mantener los procesos de fusión en su

núcleo a fin de encenderse como una estrella. Son, en cierto sentido, estrellas fallidas.

32. Sólo para confundir a la gente, los físicos usan «azul» para el calor y «rojo» para el frío, lo contrario de cómo indicamos la temperatura para, por ejemplo, el agua del grifo. Esta elección está relacionada con los colores del arco iris, que está hecho de luz con diferentes longitudes de onda (para visualizar una longitud de onda, imagínate tirando una piedra en un estanque. Verás ondas concéntricas que se mueven hacia fuera desde el punto de impacto. La distancia entre las ondas es la longitud de onda). Las ondas luminosas en el extremo azul del espectro tienen longitudes de onda más cortas y transportan más energía que las del extremo rojo. Esta energía puede asociarse a la temperatura; de ahí la conexión. Esto incluye también las ondas electromagnéticas, que son invisibles al ojo humano, como la radiación infrarroja o ultravioleta. Aunque la energía asociada a una onda electromagnética es proporcional al cuadrado de los campos eléctrico y magnético en un determinado volumen de espacio, al describir la interacción de la luz con los átomos y las partículas subatómicas, los físicos también se refieren a la energía de los fotones asociados, las partículas identificadas con las «partículas de luz» más pequeñas correspondientes a la longitud de onda de la onda. He aquí la fórmula de la energía de un fotón: $E = h\, c/L$, donde E es la energía, h es la constante de Planck, c es la velocidad de la luz y L es la longitud de onda de la luz. Como h y c son constantes de la Naturaleza (no cambian), cuanto menor sea la longitud de onda L, más energía transporta el fotón.
33. Los lectores que deseen profundizar en la ciencia pero no tengan conocimientos técnicos, pueden consultar uno de los muchos libros de texto introductorios sobre el tema. Uno de mis favoritos es *Life in the Universe*, de Jeffrey Bennett y Seth Shostak (Boston: Pearson, 2017).
34. Christopher P. McKay, «Requirements and Limits for Life in the context of Exoplanets» (Requisitos y límites de la vida en el contexto de los exoplanetas), *Proceedings of the National Academy of Sciences (PNAS)* 111, nº 35 (2014): 12.628-12.633.

35. Todavía no hay consenso entre la comunidad científica sobre cuándo surgió la vida en la Tierra. Las estimaciones varían entre 4.000 y 3.500 millones de años. La dificultad estriba en que, a medida que nos adentramos en el pasado, los registros fósiles se hacen más difíciles, o imposibles, de encontrar. Determinar si una roca de 4.000 millones de años contiene indicios de vida depende de interpretaciones muy complejas de los compuestos químicos encontrados en la roca que pueden o no ser derivados de la actividad metabólica primitiva en la Tierra primigenia. Sabemos que la vida estaba presente hace 3.500 millones de años, unos 1.000 millones de años después de la formación de la Tierra. En cualquier caso, en un planeta como el nuestro, podemos decir que la vida tarda al menos unos cientos de millones de años en afianzarse. Esto nos da una estimación aproximada de qué tipo de estrellas podrían ser buenas candidatas para albergar vida. Las estrellas de tipo O y B están descartadas, y las de tipo A están en el límite de lo interesante.
36. Esto no quiere decir que no haya ya imágenes. Podemos ver algunos exoplanetas formándose alrededor de estrellas nacientes, utilizando, por ejemplo, el Very Large Telescope del Observatorio Europeo Austral. Pero el nivel de detalle dista mucho de lo necesario para un análisis más cuidadoso de las propiedades de cualquier planeta (el lector interesado puede encontrar imágenes tomadas por el telescopio espacial Hubble en varios sitios web).
37. ¿Por qué los desplazamientos «azules» y «rojos»? El espectro de luz visible abarca los colores del arco iris, desde el violeta (ondas de alta frecuencia) al rojo (ondas de baja frecuencia). Así, una fuente de luz que se mueve hacia un observador es más azul, mientras que la que se aleja del observador parece más roja. Por supuesto, esto sigue siendo cierto para las partes invisibles del espectro de ondas electromagnéticas, desde las ondas de radio de muy baja frecuencia hasta los rayos gamma de muy alta frecuencia. De este modo, los astrónomos pueden medir el movimiento de fuentes que emiten tipos visibles e invisibles de radiación electromagnética (véase también la nota 32 de este capítulo).

38. Como hemos mencionado antes, medimos sólo la componente radial de la velocidad de la estrella, es decir, la componente de la velocidad que apunta hacia nuestro telescopio.
39. David Charbonneau, Timothy M. Brown, David W. Latham y Michel Mayor, «Detection of Planetary Transits Across a Sun-like Star», *Astrophysical Journal* 529, n.º 1 (2000): L45-48.
40. Para los lectores que deseen resultados actualizados, véase la lista de la NASA de exoplanetas en https://exoplanets.nasa.gov/discovery/discoveries-dashboard/
41. Mercurio tiene una resonancia 3:2, lo que significa que gira sobre sí mismo 1,5 veces en cada órbita alrededor del Sol. Como el período orbital de Mercurio es de 88 días, un «día» en Mercurio corresponde a 176 días en la Tierra.
42. Por cierto, Tierra 2.0 es el nombre de una misión china prevista para encontrar planetas con la misma masa y radio que la Tierra y que orbiten estrellas de tipo G con un periodo orbital de un año, lo más cerca que podemos estar de nuestro planeta con el centro de atención puesto en las propiedades astronómicas. La misión está prevista para 2026.

5. La vida en otros mundos

1. Arthur C. Clarke, «Hazards of Prophecy: The Failure of Imagination», en *Profiles of the Future: An Inquiry into the Limits of the Possible*, ed. rev. (Nueva York: Harper & Row, 1973), 36.
2. Arthur C. Clarke, *2001: A Space Odyssey* (Nueva York: New American Library, 1968), 227.
3. Véase, por ejemplo, Erich von Däniken, *Chariots of the Gods* (Nueva York: Berkley Books, 1998).
4. Carl Sagan, prefacio de *The Space Gods Revealed: A Close Look at the Theories of Erich von Däniken*, de Ronald Story, 2.ª ed. (Nueva York: Barnes & Noble, 1980), xiii.
5. Clarke y Kubrick trabajaron juntos en la novela, aunque sólo aparece el nombre de Clarke como autor, posiblemente porque este había

expuesto muchas ideas utilizadas en la novela en una serie de relatos cortos que publicó a principios de los años cincuenta.

6. Para los curiosos: las líneas espectrales están relacionadas con los niveles de energía específicos de los átomos o moléculas. Según la física cuántica, los electrones sólo pueden orbitar el núcleo atómico en órbitas específicas. Cuando los electrones «saltan» de una órbita a otra, absorben (subiendo una o más órbitas) o emiten (bajando una o más órbitas) fotones de luz con una energía igual a la diferencia de energía entre las órbitas. En el caso de las moléculas, la riqueza de líneas espectrales está relacionada con los movimientos de vibración y rotación que se excitan cuando se emiten o absorben fotones, que también son discretos o cuantizados.

6. El misterio de la vida

1. Svante Arrhenius, *Worlds in the Making: The Evolution of the Universe* (Nueva York: Harper & Row, 1908); I.S. Shklovskii y Carl Sagan, *Intelligent Life in the Universe* (Nueva York: Dell, 1966); F.H. Crick y L.E. Orgel, «Directed Panspermia» *Icarus* 19, n.º 3 (1973): 341-346.
2. Se dice que la idea de la «tortuga portadora del mundo» tiene su origen en un mito hinduista, mencionado por primera vez en Europa a finales del siglo XVI en una carta del jesuita Emmanuel da Veiga: «Otros sostienen que la tierra tiene nueve esquinas por las que se sostienen los cielos. Otro, discrepando de estos, que estaría la tierra sostenida por siete elefantes, y los elefantes no se hunden porque sus pies están fijos en una tortuga. Cuando se le preguntó quién fijaría el cuerpo de la tortuga para que no se hundiera, dijo que no lo sabía». Ilustra maravillosamente la noción de regresión infinita, un nexo causal que no tiene fin, ya que cada paso depende de otro anterior. Aunque tradicionalmente se ha utilizado para describir la naturaleza del cosmos –¿sobre qué se asienta el mundo?–, podemos ver cómo los intentos de describir un acontecimiento abrupto sin causa previa, como el origen del Universo, caerán en la misma trampa lógica. Para

una cita del siglo xx, véase Jarl Charpentier, «A Treatise on Hindu Cosmography from the Seventeenth Century (Brit. Mus. MS. Sloane 2748 A)», *Bulletin of the School of Oriental and African Studies* 3, n.º 2 (1924): 317-342.

3. Adam Frank, Marcelo Gleiser y Evan Thompson, *The Blind Spot: Why Science Cannot Ignore Human Experience* (Cambridge, MA: MIT Press, de próxima publicación).
4. Los lectores familiarizados con los retos interpretativos de la mecánica cuántica reconocerán sin duda el paralelismo con el enfoque «¡cállate y calcula!» de la física cuántica.
5. L.E. Orgel, *The Origins of Life: Molecules and Natural Selection* (Londres: Chapman & Hall, 1973); Robert Alberts, Alexander Johnson, Julian Lewis, Martin Raff, Keith Roberts y Peter Walter, *The Molecular Biology of the Cell*, 5.ª ed. (Nueva York: Garland Science, 2002).
6. Peter Ward y Joe Kirschvink, *A New History of Life: The Radical New Discoveries About the Origins and Evolution of Life on Earth* (Nueva York: Bloomsbury, 2015), 35.
7. En particular, los experimentos de Gerald Joyce con sus colaboradores han contribuido en gran medida a nuestra comprensión actual de la evolución *in vitro* a nivel molecular: Katrina F. Tjhung, Maxim N. Shokhirev, David P. Horning y Gerald F. Joyce, «An RNA Polymerase Ribozyme That Synthesizes Its Own Ancestor», *Proceedings of the National Academy of Sciences (PNAS)* 117, n.º 6 (2020): 2.906-2.913, https://doi.org /10.1073/pnas.1914282117
8. Este artículo que resume la investigación actual sobre los orígenes de la vida ilustra este punto con bastante claridad: Adam Mann, «Making Headway with the Mysteries of Life's Origins», *PNAS* 118, n.º 16 (2021): e2105383118, https://doi.org/10.1073/pnas.2105383118
9. Carol Cleland y Christopher Chyba, «Does "Life" Have a Definition?», en *The Nature of Life: Classical and Contemporary Perspectives from Philosophy and Science*, comps. Mark A. Bedau y Carol E. Cleland (Cambridge: Cambridge Univ. Press, 2010), 326.

10. Laboratorio de Biofirmas Agnósticas, https://www.agnosticbiosignatures.org/
11. Paul Davies, *The Fifth Miracle: The Search for the Origin and Meaning of Life* (Nueva York: Penguin, 1998), 260.
12. P.W. Anderson, «More Is Different: Broken Symmetry and the Nature of the Hierarchical Structure of Science», *Science* 117, n.º 4.047 (1972): 393-396, en 393.
13. Ernst Mayr, *This Is Biology: The Science of the Living World* (Cambridge, MA: Harvard Univ. Press, 1997), 37.
14. Stuart A. Kauffman, *Humanity in a Creative Universe* (Oxford: Oxford Univ. Press, 2016), 3.
15. Francis Bacon, *The Novum Organum*. Véase, por ejemplo, SirBacon.org, http://www.sirbacon.org/links/4idols.htm.
16. Francisco J. Varela, «The Creative Circle: Sketches on the Natural History of Circularity», en *Invented Reality*, comp. Paul Watzlavick (Nueva York: W.W. Norton, 1984), 2, 3.
17. Los científicos definen los planetas terrestres como mundos con un diámetro entre 0,5 y 1,5 el de la Tierra, mientras que los astros similares al Sol tienen temperaturas superficiales entre 4.527 °C y 6.027 °C. Como vimos en la segunda parte, las zonas habitables son muy difíciles de definir, ya que están sujetas a muchas variaciones y peculiaridades locales. Venus, por ejemplo, está justo en la zona habitable del Sol, pero tiene un entorno muy difícil para la vida; lo mismo valdría para Marte, donde la vida podría haber existido allí hace miles de millones de años o incluso persistir bajo la superficie. Estas variaciones locales añaden complicaciones a la definición de zonas habitables y a los posibles mundos portadores de vida, aquellos con océanos subsuperficiales, como Europa, o los que tuvieron vida en un pasado lejano o la tendrán en el futuro. El concepto de zona habitable es un cuchillo romo para pensar en la vida en otros lugares, que se adapta a considerar mundos rocosos capaces de albergar agua líquida en su superficie. Véase Steve Bryson, Michelle Kunimoto, Ravi K. Kopparapu y otros, «The Occurrence of Rocky

Habitable Zone Planets Around Solar-Like Stars from Kepler Data», copia anticipada enviada el 5 de noviembre de 2020, https://arxiv.org/pdf /2010.14812.pdf
18. J. Richard Gott III, «Implications of the Copernican Principle for Our Future Prospects», *Nature* 363 (1993): 315-319.
19. Peter Ward y Donald Brownlee, *Rare Earth: Why Complex Life Is Uncommon in the Universe* (Nueva York: Copernicus Books, 2000).
20. Utilizo la palabra «posiblemente» para subrayar que no hay un punto final teleológico que apunte a una vida multicelular inteligente.
21. Elizabeth Kolbert, *The Sixth Extinction: An Unnatural History* (Nueva York: Picador, 2015).
22. Peter Ward y Joe Kirschvink, *A New History of Life: The Radical New Discoveries About the Origins and Evolution of Life on Earth* (Nueva York: Bloomsbury Press, 2015).
23. Marcelo Gleiser, *A Tear at the Edge of Creation: A Radical New Vision for Life in an Imperfect Universe* (Nueva York: Free Press, 2010), cap. 53.
24. Para los lectores que, con razón, no recuerdan la biología del instituto, las células procariotas no tienen un núcleo distinto para su material genético ni otros orgánulos especializados, mientras que las células eucariotas (de las que nosotros estamos hechos) tienen material genético, como el ADN, en forma de cromosomas, contenido en el interior de un núcleo diferenciado.
25. Dorion Sagan y Lynn Margulis, *Microcosmos: Four Billion Years of Microbial Evolution* (Berkeley: Univ. of California Press, 1997).
26. Paul Davies, *The Eerie Silence: Renewing Our Search for Extraterrestrial Intelligence* (Nueva York: Houghton Mifflin Harcourt, 2010).

7. Lecciones de un planeta vivo

1. La historia de cómo surgieron estas bacterias y cambiaron el planeta es realmente fascinante, pero no es necesaria aquí para nuestros propósitos. Animo al lector interesado a explorar Peter Ward y Joe

Kirschvink, *A New History of Life:.The Radical New Discoveries About the Origins and Evolution of Life on Earth* (Nueva York: Bloomsbury, 2015), esp. cap. 5.

2. Cuento esta historia con detalle en mi libro *El profeta y el astrónomo:* [*The Prophet and the Astronomer: A Scientific Journey to the End of Time*] (Nueva York: W.W. Norton, 2001).
3. A no ser, claro está, que lo pusieran allí otras inteligencias, como podríamos hacer nosotros o nuestros descendientes posthumanos si llegamos a poblar Marte y otros mundos.
4. Marcelo Gleiser, «From Cosmos to Intelligent Life: The Four Ages of Astrobiology», *International Journal of Astrobiology* 11, n.º 4 (2012): 345-350.
5. De hecho, existe una confusión considerable sobre el poder de los modelos para proporcionar soluciones definitivas a cuestiones científicas. Pueden tener un éxito espectacular a la hora de describir fenómenos observados y pueden incluso predecir nuevos efectos aún no observados. La confusión comienza cuando los modelos se confunden con la realidad física que pretenden describir, lo que el filósofo y matemático Edmund Husserl llamó sustitución subrepticia. Los modelos son como los mapas de un territorio: se simplifican para ser eficaces. Pero, como ocurre con cualquier mapa, los modelos científicos necesitan una estructura conceptual sobre la que se formulan. Los expertos reconocerían esto en, digamos, los modelos de inflación cosmológica que utilizan un campo escalar llamado inflatón con interacciones descritas por una energía potencial específica. ¿De dónde proceden el campo escalar y su potencial específico? Bueno, posiblemente de otra capa de complejidad física subyacente, como las supercuerdas. ¿Y de dónde vienen las supercuerdas? La respuesta habitual es que «son fundamentales», lo que significa que no provienen de ninguna otra cosa. Pero está claro que no hay una base conceptual para hacer este tipo de afirmación, dado que las supercuerdas mismas están formuladas en un espacio-tiempo específico y con una «constante de tensión de cuerda» que debe venir de alguna parte.

Este «de alguna parte» llena el vacío conceptual de la incognoscible Primera Causa, de la que los físicos derivan todos los modelos de los orígenes cósmicos de un modo u otro.

6. Estos eran los núcleos hidrógeno, helio y litio, los tres primeros elementos químicos de la tabla periódica, con uno, dos y tres protones en sus núcleos, respectivamente. Los isótopos son variantes de un elemento químico con diferente número de neutrones en su núcleo. Por ejemplo, el deuterio es un isótopo del hidrógeno con un protón y un neutrón en su núcleo, y el helio-3 es un isótopo del helio con dos protones y un neutrón en su núcleo.
7. Para una historia completa y muy interesante de estos desarrollos, recomiendo a Jeremy DeSilva, *First Steps: How Upright Walking Made Us Human* (Nueva York: HarperCollins, 2021).
8. Como se ha señalado anteriormente, definir qué animales son capaces de una cognición superior (o incluso identificar la línea divisoria de la cognición superior) no es muy productivo, dada las imprecisiones de nuestra comprensión y de los registros fósiles. En su lugar, adopto un enfoque más pragmático y relaciono la cognición al nivel necesario para mi argumento con la aparición del arte figurativo. No sabemos con exactitud cuándo ocurrió, pero las pruebas actuales sugieren que, ya hace años, los humanos representaban aspectos de la realidad a través de la pintura. Véase, por ejemplo, Maxime Aubert, Rustan Lebe, Adhi Agus Oktaviana y otros, «Earliest Hunting Scene in Prehistoric Art», *Nature* 576 (2019): 442-445.
9. Barbara C. Sproul, *Primal Myths: Creation Myths Around the World* (Nueva York: HarperCollins, 1991).
10. En mi libro *The Dancing Universe: From Creation Myths to the Big Bang* (Nueva York: Dutton, 1997), presento un detallado análisis de los mitos de la creación de diferentes culturas, contrastándolos con los modelos cosmológicos modernos.
11. Einstein citado en *The Quotable Einstein*, comp. Alice Calaprice (Princeton: Princeton Univ. Press, 1996), 158-159.

8. Biocentrismo

1. Hay que tener presente que *anima* en latín significa alma.
2. Thomas Berry, *Evening Thoughts: Reflecting on Earth as a Sacred Community*, comp. Mary Evelyn Tucker (San Francisco: Sierra Club, 2006), 40.

9. Un manifiesto para el futuro de la humanidad

1. Simone Weil, *An Anthology*, comp. Siân Miles (Nueva York: Grove Press, 2000).

Índice